Access 2016数据库应用技术案例教程学习指导

主　编　林敦欣　刘　垣
副主编　郭李华　徐沛然　王一蕾

清華大学出版社
北　京

内 容 简 介

本书是《Access 2016 数据库应用技术案例教程》(ISBN：978-7-302-69315-4)的配套学习指导，其中，第 1 章、第 3 章至第 9 章以高校"教务管理"数据库为基础，分别介绍数据库系统基础知识、Access 2016 数据库和表、查询、窗体、报表、宏、VBA 程序设计、ADO 数据库编程等内容；第 2 章介绍"人工智能+"数据技术，以国产大模型赋能课程学习为实验案例；第 10 章为数据库应用系统开发案例；附录以二维码形式给出常用的操作命令、内部函数等内容。

本书具有双重教学功能定位：既可作为人工智能时代高等院校数据库应用技术类课程的学习指导用书，帮助学生系统掌握数据库理论与实践技能；也适用于全国计算机二级 Access 数据库程序设计考试的备考，并可作为培训教材或实验参考用书，助力考生高效复习、精准把握考试要点，切实提升应试能力与数据库技术应用素养。

图书在版编目(CIP)数据

Access 2016 数据库应用技术案例教程学习指导 / 林敦欣，刘垣主编. -- 北京 ：清华大学出版社, 2025. 6.

ISBN 978-7-302-69316-1

Ⅰ. TP311.132.3

中国国家版本馆 CIP 数据核字第 2025KY3499 号

责任编辑：王　定
封面设计：周晓亮
版式设计：思创景点
责任校对：成凤进
责任印制：杨　艳

出版发行：清华大学出版社

　　　　网　　　址：https://www.tup.com.cn，https://www.wqxuetang.com
　　　　地　　　址：北京清华大学学研大厦 A 座　　　　邮　　编：100084
　　　　社 总 机：010-83470000　　　　邮　　购：010-62786544
　　　　投稿与读者服务：010-62776969，c-service@tup.tsinghua.edu.cn
　　　　质 量 反 馈：010-62772015，zhiliang@tup.tsinghua.edu.cn
　　　　课 件 下 载：http://www.tup.com.cn，010-62794504

印 装 者：北京瑞禾彩色印刷有限公司
经　　销：全国新华书店
开　　本：185mm×260mm　　　印　　张：12　　　字　　数：386 千字
版　　次：2025 年 7 月第 1 版　　　印　　次：2025 年 7 月第 1 次印刷
定　　价：59.80 元

产品编号：110644-01

前言

PREFACE

革故鼎新，笃行不怠。在课程素养教育理念指引下，我们围绕工程教育认证标准，探索了"人工智能+"与数据库技术的结合，并据此重新设置了原版教材的内容架构。

1992 年 11 月，微软公司首次推出 Access。此后，Access 历经 14 个版本的变迁，最新版本为 Access 2024。自 Access 2007 起，其数据库文件格式始终未变。微软公司也明确表示，在后续的 Access 版本升级中，暂无更改数据库文件格式的计划。本书是《Access 2016 数据库应用技术案例教程》(ISBN：978-7-302-69315-4)的配套学习指导，由 10 章正文和 4 个附录构成。第 1 章、第 3 章至第 9 章分别介绍了数据库系统基础知识、Access 2016 数据库和表、查询、窗体、报表、宏、VBA 程序设计与 ADO 数据库编程，各章均以大学教务管理数据库为基础。第 2 章介绍了"人工智能+"数据技术，实验案例是国产大模型赋能课程学习。第 10 章为数据库应用系统开发案例，实验案例的前 5 个是综合操作训练，后 4 个是数据库应用程序的开发。本书各附录内容丰富且实用：附录 A 呈现教务管理数据库各表的结构与记录；附录 B 收录常用字符与 ASCII 码对照表；附录 C 整理常用宏操作命令；附录 D 梳理 VBA 常用内部函数。

本书每章的末尾附有多个实验案例，这些实验案例既有基础验证型和综合设计型案例，也有需要调研、团队合作才能完成的创新研究型案例。读者通过这些案例的学习，举一反三加以迁移，就能解决实际生活和工作中的许多问题。

本书为福建省"十四五"普通高等教育本科规划教材建设项目的成果。编者都是高校计算机类教学一线教师，实验案例中的许多内容都是他们多年教学实践的总结。本书由林敦欣、刘垣任主编，郭李华、徐沛然、王一蕾任副主编，参与编写工作的还有苏备迎、温馨、韩宜航、郑兆铨和陈治杰等人，本书的完成也离不开原版作者连贻捷、刘琰、林铭德和张波尔等老师的贡献。本书的编写得到了福建理工大学、福州大学、湖北工程学院、福建农林大学等多所院校的大力支持，在此一并表示感谢！

由于编者水平有限，书中难免存在疏漏和不足，敬请读者提出宝贵意见和建议。

本书提供实验案例源文件、思考与练习参考答案、模拟试卷(模拟全国计算机等级考试二级 Access 数据库程序设计考题格式)、模拟试卷参考答案，读者可扫下列二维码学习。

实验案例 源文件	思考与练习 参考答案	模拟试卷	模拟试卷 参考答案

编　者

2025 年 3 月于榕城旗山

目录
C O N T E N T S

第 1 章

数据库系统概述

1.1 知识要点

1.1.1 数据管理技术的产生与发展

数据管理是指对数据进行分类、组织、编码、存储、检索、维护和应用，它是数据处理的中心问题。随着应用需求的推动和计算机硬软件的发展，数据管理技术经历了人工管理、文件系统和数据库系统三个阶段(后又发展为分布式数据库系统和面向对象数据库系统等)。

1. 人工管理阶段

此阶段主要是指 20 世纪 50 年代中期以前，数据需要由应用程序定义和管理，一个数据集只能对应一个应用程序。数据无共享，冗余度极大；数据不独立，完全依赖于程序。这个阶段的计算机很简陋，主要应用于科学计算。

2. 文件系统阶段

此阶段主要是指 20 世纪 50 年代末到 60 年代中期。在这一阶段，人们利用专门的数据管理软件(即文件系统)管理数据。对于一个特定的应用，数据被集中组织存放在多个数据文件或文件组中。人们为了更好地管理和利用这些数据，会针对该文件组开发特定的应用程序。然而，这种数据管理方式存在一些问题：数据的共享性差，冗余度大；数据独立性差。此时计算机除了应用于科学计算，也开始应用于数据管理。

3. 数据库系统阶段

自 20 世纪 60 年代末期以来都属于此阶段。有专门的数据管理软件(DBMS)对数据库提供安全性、完整性、并发控制等支持。数据共享性高，冗余度小；数据具有高度的物理独立性和一定的逻辑独立性；数据整体结构化，用数据模型描述。

伴随着应用需求的推动和计算机硬软件技术的发展，数据库系统阶段出现了多种数据库：关系数据库、并行数据库、分布式数据库、对象-关系数据库、面向对象数据库、以互联网大数据应用为背景发展起来的分布式非关系型的数据库管理系统(NoSQL)等。分布式数据库系统由数据库技术与网络通信技术相结合而产生，面向对象的数据库系统由数据库技术与面向对象程序设计技术相结合而产生。

4. 中国数据管理的发展

1956 年，周恩来总理领导制定《1956—1967 年科学技术发展远景规划纲要》，同年 8 月我国成立中国科学院计算技术研究所筹委会，由数学家华罗庚任主任委员。

1978 年，萨师煊先生首次在中国人民大学开设数据库课程。1999 年 8 月中国计算机学会数据库专业委员会成立，标志着中国数据库领域进入了一个组织化、专业化发展的新阶段。

2021 年 6 月，中国电子信息行业联合会发布《数据管理从业人员能力等级要求》团体标准及编制说明的公告，将数据管理从业人员分为首席数据官、资深数据管理工程师、数据管理工程师、助理数据管理工程师四个等级；第十三届全国人民代表大会常务委员会第二十九次会议通过《中华人民共和国数据安全法》，该法旨在规范数据处理活动，保障数据安全，促进数据开发利用，保护个人、组织的合法权益，维护国家主权、安全和发展利益。

2022 年 12 月，中共中央、国务院发布《关于构建数据基础制度更好发挥数据要素作用的意见》，以数据产权、流通交易、收益分配、安全治理为重点，初步提出我国数据基础制度 20 条政策举措，简称"数据二十条"。它是我国数据基础制度的"四梁八柱"。

2023 年 3 月，中共中央、国务院印发《党和国家机构改革方案》，组建由国家发展和改革委员会管理的国家数据局，负责协调推进数据基础制度建设，统筹数据资源整合共享和开发利用，统筹推进数字中国、数字经济、数字社会规划和建设等。

2024 年 1 月，由国家数据局等 17 个部门联合发布《"数据要素×"三年行动计划(2024—2026 年)》。2024 年 8 月，国务院第 40 次常务会议通过《网络数据安全管理条例》，自 2025 年 1 月 1 日起施行。

1.1.2 数据库技术的基本术语

1. 数据(data)

数据是数据库中存储的基本对象，是描述事物的符号记录。数据通常分为数值型数据和非数值型数据两种形式。每个数据都有其语义。用表格描述的数据称为结构化数据。

数据是国家基础战略性资源和重要生产要素，是数字化、网络化、智能化的基础，已快速融入生产、分配、流通、消费和社会服务管理等各环节，深刻改变着生产方式、生活方式和社会治理方式。

信息以数据为载体，是具有一定含义的、经过加工处理的数据，是客观事物存在方式和运动状态的反映，对人类决策有帮助和价值。例如，气象台依据事先勘测采集的气压、云层、温度、湿度、风力等数据，经过整理加工和综合分析得出的天气预报即为信息。

2. 大数据(big data)

依据 GB/T 35295-2017，大数据指具有体量巨大、来源多样、生成极快、多变等特征并且难以用传统数据体系结构有效处理的包含大量数据集的数据。2014 年 3 月，"大数据"首次被写入《政府工作报告》。

3. 数据库(database，DB)

数据库是长期存储在计算机内，有组织且可共享的大量数据的集合。数据库中不仅存放数据，还存放数据与数据之间的联系。

随着数据库的发展，出现了数据仓库，数据仓库是一个面向主题、集成、非易失性和随时间变化的集合，用于支持管理层的决策。

4. 数据库管理系统(database management system，DBMS)

DBMS 是数据库系统的核心组成部分，是位于用户与操作系统之间的一层数据管理软件，用于描述、管理和维护数据库。

DBMS 的主要功能：数据定义、组织、存储和管理功能；数据操纵功能；数据库的建立和维护功能。当今主流的数据库管理系统是关系数据库管理系统(RDBMS)。

5. 数据库系统(database system，DBS)

DBS 是由数据库、数据库管理系统、数据库应用系统和用户组成的存储、管理、处理和维护数据的系统，其中用户又分为终端用户、应用程序员、系统分析员、数据库设计人员和数据库管理员 DBA 等多种。

数据库管理员负责全面管理和控制数据库系统，其主要工作是：数据库设计、数据库维护、改善系统性能，提高系统效率。

DBS 的数据有安全性保护和完整性检查措施，能并发控制和恢复数据库，数据具有共享性高、冗余度低，独立性高的特点。数据独立性一般分为逻辑独立性和物理独立性两种。逻辑独立性是指用户的应用程序与数据库的逻辑结构相互独立；物理独立性是指用户的应用程序与数据库中数据的物理存储相互独立。

1.1.3 数据库系统的三级模式结构

从数据库应用开发者角度看，数据库系统通常采用"外模式-模式-内模式"三级模式结构，相邻两级结构之间的两层映像是外模式/模式映像、模式/内模式映像。这两层映像保证了数据库系统中的数据能够具有较高的逻辑独立性和物理独立性。

数据库系统的三级模式是对数据的三个抽象级别，它把数据的具体组织留给 DBMS 管理，使用户能逻辑地、抽象地处理数据，从而实现了数据的独立性，即当数据的结构和存储方式发生变化时，应用程序不受影响。

1. 外模式(external schema)

外模式又称用户模式或子模式，是数据库用户能够看见并使用的局部数据的逻辑结构和特征的描述，是与某一应用有关的数据的逻辑表示。

外模式是各个用户的数据视图，如果不同的用户在应用需求、看待数据的方式、对数据保密的要求等方面存在差异，则其外模式的描述就不同。一个数据库可以有多个外模式。

2. 模式(schema)

模式又称逻辑模式或概念模式，是数据库中全体数据的逻辑结构和特征的描述，是所有用户的公共数据视图。一个数据库只有一个模式。

3. 内模式(internal schema)

内模式又称存储模式，是数据物理结构和存储方式的描述，是数据在数据库内部的组织方式。一个数据库只有一个内模式。

1.1.4 国产数据库

1. 国产数据库的发展历程

起步阶段(1978—2000 年)、跟踪阶段(2000—2008 年)、追赶阶段(2008—2014 年)、并跑阶段(2014 年至今)。

2. 两个国产数据库

蚂蚁科技集团股份有限公司的分布式关系数据库 OceanBase，华为技术有限公司的 openGauss 数据库。

1.1.5 由现实世界到数据世界

获得一个 DBMS 所支持的数据模型的过程，是一个从现实世界的事物出发，经过人们的抽象，以获得人们所需要的概念模型和数据模型的过程。信息在这个过程中经历了三个不同的世界：现实世界、概念世界和数据世界。

1. 现实世界

现实世界是人们通常所指的客观世界，事物及其联系就处在这个世界中。一个实际存在并且可以识别的事物称为个体，个体可以是一个具体的事物，如一个学生、一所学校，也可以是一个抽象的概念，如某位学生的特长与爱好。通常把具有相同特征个体的集合称为全体。

2. 概念世界

概念世界又称为信息世界，是指现实世界的客观事物经人们综合分析后，在头脑中形成的印象与概念。现实世界中的个体和全体在概念世界中分别称为实体和实体集。概念世界不是现实世界在人脑的简单主观反映，而是经过选择、命名、分类等抽象过程产生的概念模型。

3. 数据世界

数据世界又称为机器世界或计算机世界。进入计算机的信息必须是数字化的。当信息由概念世界进入数据世界后，概念世界的实体和属性等在数据世界中要进行数字化的表示，每个实体和实体集在数据世界中分别称为记录和文件。

1.1.6　数据模型的分层

数据库的类型是依据数据模型来划分的，数据模型是数据库系统的基础。数据模型由数据结构、数据操作与数据的约束条件 3 部分组成。根据数据抽象的不同级别，可以将数据模型分为：概念数据模型、逻辑数据模型和物理数据模型。

1. 概念数据模型(Conceptual Data Model，CDM)

概念数据模型简称为概念模型或信息模型，是按用户的观点或认识对现实世界的数据和信息进行建模，主要用于数据库设计。常用的概念模型表示方法是 E-R 图。

2. 逻辑数据模型(Logical Data Model，LDM)

逻辑层是数据抽象的第二层抽象，用于描述数据库数据的整体逻辑结构。该层的数据抽象称为逻辑数据模型，简称为逻辑模型，也可以称为数据模型。

不同的 DBMS 提供不同的逻辑数据模型，例如，层次模型、网状模型、关系模型、面向对象模型、对象关系模型、半结构化模型等，其中层次模型和网状模型统称为格式化模型。

- 层次模型：最早出现的数据模型，用树状结构来表示各类实体及实体之间的联系。
- 网状模型：用网状结构来表示各类实体及实体之间的联系。
- 关系模型：用规范化的二维表来表示各类实体及实体之间的联系。
- 半结构化模型：随着互联网的迅速发展，Web 上各种半结构化、非结构化数据源已成为重要的信息来源,产生了以 XML 为代表的半结构化数据模型和非结构化数据模型。

3. 物理数据模型(Physical Data Model，PDM)

物理层的数据抽象称为物理数据模型,简称为物理模型,它不但由 DBMS 的设计决定,而且与操作系统、计算机硬件密切相关。

1.1.7　概念模型和 E-R 图

概念模型是对信息世界建模，是现实世界到概念世界的第一层抽象。最常用的概念模型表示方法是实体-联系方法，又称 E-R 图或 E-R 方法或 E-R 模型。E-R 图是一种语义模型，是现实世界到信息世界的事物及事物之间关系的抽象表示。

E-R 图是不受任何 DBMS 约束的面向用户的表达方法，能够直观表示现实世界中的客观实体、属性及实体之间的联系。构成 E-R 图的基本要素是实体型、属性和联系。相关术语如下。

- 实体：客观世界中可区别于其他事物的"事物"或"对象"。
- 实体集：指具有相同类型及相同性质或属性的实体集合。
- 实体型：用实体名及其属性名集合来抽象和刻画同类实体。
- 属性：是实体集中每个实体都具有的特征描述。
- 码：又称键，能唯一标识实体的属性或属性集。
- 域：一个属性所允许的取值范围或集合称为该属性的域。

- **实体之间的联系**：实体之间的对应关系称为联系，它反映了现实世界事物之间相互关联的情况。联系分为：一对一联系(1:1)、一对多联系(1:n)和多对多联系(m:n)。

1.1.8 关系模型

关系数据库系统采用关系模型作为数据的组织方式。关系模型于 1970 年由埃德加·弗兰克·科德首次提出，它是一种用二维表表示实体集，主码标识实体，外码表示实体间联系的数据模型。

1. 基本术语

- **关系**：对应通常所说的二维表，它由行和列组成，且必须满足一定的规范条件。
- **关系名**：每个关系的名称。
- **元组**：二维表中的每一行称为关系的一个元组，它对应于实体集中的一个实体。
- **属性**：二维表中的每一列对应于实体的一个属性，每个属性要有一个属性名。
- **值域**：每个属性的取值范围。
- **分量**：元组中的一个属性值。
- **候选码**：若关系中的某一属性组的值能唯一标识一个元组，则称该属性组为候选码。
- **主码**：也称主键或关键字。如果一个关系有多个候选码，则选定其中一个为主码。
- **外码**：也称外键或外部关键字。为了实现表与表之间的联系，通常将一个表的主码作为数据之间联系的纽带放到另一个表中，这个起联系作用的属性称为外码。
- **关系模式**：对关系的描述，一般表示为：关系名(属性 1，属性 2，…，属性 n)

2. 关系模型的性质

关系是建立在严格数学理论基础之上的二维表。一张二维表中的元组和属性的个数都是有限的，且与次序无关；元组具有唯一性，属性名也是唯一的；元组分量具有原子性，分量的值取自同一个域。

1.1.9 关系运算

关系运算是对关系数据库的数据操纵。关系模型中常用的关系操作包括查询、插入、删除、修改。查询是关系操作中最主要的部分。查询操作可分为并、差、交、广义笛卡尔积、选择、投影、连接、除等。

关系代数用对关系的运算来表达查询。关系代数的运算对象是关系，运算结果也是关系。根据运算符的不同，关系代数的运算分为传统的集合运算和专门的关系运算。

1. 传统的集合运算

设关系 R 和关系 S 具有相同的目 n(即两个关系都有 n 个属性)，且相应的属性取自同一个域，t 是元组变量，$t \in R$ 表示 t 是 R 的一个元组。

- **并**：关系 R 和关系 S 的并记作：$R \cup S = \{t | t \in R \vee t \in S\}$。其结果仍为 n 目关系，由属于 R 或属于 S 的元组组成。
- **差**：关系 R 和关系 S 的差记作：$R - S = \{t | t \in R \wedge t \notin S\}$。其结果仍为 n 目关系，由属

于 R 但不属于 S 的所有元组组成。

- 交：关系 R 和关系 S 的交记作：$R \cap S = \{t | t \in R \wedge t \in S\}$。其结果仍为 n 目关系，由既属于 R 又属于 S 的元组组成。关系的交可以用差来表示，即 $R \cap S = R - (R - S)$。
- 广义笛卡尔积：两个分别为 n 目和 m 目的关系 R 和关系 S 的笛卡尔积是一个 (n+m) 列的元组的集合。元组的前 n 列是关系 R 的一个元组，后 m 列是关系 S 的一个元组。若 R 有 k_1 个元组，S 有 k_2 个元组，则关系 R 和关系 S 的笛卡尔积有 $k_1 \times k_2$ 个元组。记作：$R \times S = \{t_r t_s | t_r \in R \wedge t_s \in S\}$。

2. 专门的关系运算

- 选择：根据给定的条件，从一个关系中选出一个或多个元组，即二维表中的行。
- 投影：从一个关系中选择某些特定的属性(表中的列)，重新排列后组成一个新的关系。
- 连接：从两个或多个关系中选取属性间满足一定条件的元组，组成一个新的关系。

1.1.10 关系的完整性

关系模型的完整性规则是为保证数据库中数据的正确性和相容性，对关系模型提出的某种约束条件或规则。完整性通常包括实体完整性、参照完整性和用户自定义完整性，其中实体完整性和参照完整性是关系模型必须满足的完整性约束条件。

1. 实体完整性(entity integrity)

实体完整性是指关系的主码不能重复，也不能取空值 null。

2. 参照完整性(referential integrity)

参照完整性是定义建立关系之间联系的主码与外码引用的约束条件。

3. 用户自定义完整性(user-defined integrity)

用户自定义完整性是针对不同应用领域的语义，由用户自己定义的一些完整性约束条件。

1.1.11 数据库设计

数据库设计是数据库及其应用系统的设计，它是一项软件工程，开发过程遵循软件工程的一般原理和方法。数据库设计目前一般采用生命周期法，将整个数据库应用系统的开发分解成目标独立的 6 个阶段：需求分析阶段、概念结构设计阶段、逻辑结构设计阶段、物理结构设计阶段、数据库实施阶段，以及数据库运行和维护阶段。设计一个完善的数据库应用系统往往是这 6 个阶段的不断反复。

1. 需求分析

需求分析是整个数据库设计过程的基础，需要与用户有效交流，这是最困难和最耗时的一步。需求分析的结果是否准确反映用户的实际要求，将直接影响数据库应用系统的质量。

2. 概念结构设计

概念结构设计阶段是将需求分析得到的用户需求抽象为概念模型的过程。E-R 图是此阶段数据库设计中广泛使用的数据建模工具。

3. 逻辑结构设计

逻辑结构设计的任务是把概念结构设计阶段得到的 E-R 图转换为逻辑结构，这个逻辑结构要与选用的 DBMS 产品的数据模型相符合。当前的数据库应用系统大都采用支持关系数据模型的 RDBMS。

E-R 图向关系模型转换遵循的原则：一个实体型转换为一个关系模式；一个 1:1 联系可以转换为一个独立的关系模式，也可以与任意一端对应的关系模式合并；一个 1:n 联系可以转换为一个独立的关系模式，也可以与 n 端对应的关系模式合并；一个 m:n 联系可以转换为一个关系模式，与该联系相连的各实体的码及联系本身的属性均转换为关系的属性；三个或三个以上实体间的一个多元联系可以转换为一个关系模式；具有相同码的关系模式可以合并。

4. 物理结构设计

数据库在物理设备上的存储结构与存取方法称为数据库的物理结构，它依赖于选定的 DBMS。数据库的物理结构设计是为一个给定的逻辑数据模型选取一个最适合应用要求的物理结构的过程。

5. 数据库实施

完成物理结构设计之后，数据库设计人员要用 RDBMS 提供的数据定义语言和其他实用程序将数据库逻辑设计和物理设计结果严格描述出来，成为 RDBMS 可以接受的源代码，再经过调试产生目标模式，然后组织数据入库，并进行试运行。

6. 数据库运行和维护

数据库应用系统试运行合格后，就可以投入正式运行了。由于应用环境在不断变化，数据库运行过程中物理存储也会不断变化，对数据库设计进行评价、调整、修改等维护工作是一个长期的任务，也是数据库设计工作的继续和提高。

1.2 思考与练习

1.2.1 选择题

1. 下列关于数据库系统的叙述中，正确的是(　　)。
   A. 数据库管理系统由数据库系统、用户、数据库和数据库应用系统组成
   B. 数据库管理系统是用户与数据库之间的接口
   C. 采用数据库技术完全消除了数据冗余
   D. 采用数据库技术降低了数据共享性和独立性
2. 下列不属于数据库系统三级模式结构的是(　　)。
   A. 外模式　　　　　B. 模式　　　　　C. 内模式　　　　　D. 关系模式

3. 按照数据的组织形式，逻辑数据模型可分为三种模型，它们是(　　)。

    A. 独享、共享和实时　　　　　　　B. 网状、环状和链状

    C. 层次、网状和关系　　　　　　　D. 概念、逻辑和物理

4. 下列有关数据库的叙述中，正确的是(　　)。

    A. 在数据库系统中，数据的物理结构必须与逻辑结构一致

    B. 数据库设计是指对数据库系统基础的数据模型的设计

    C. 数据库是存储在计算机存储设备中的、结构化的相关数据的集合

    D. 数据库系统不需要操作系统支持也可以使用

5. 下列有关数据库的叙述中，正确的是(　　)。

    A. 数据库是一个关系

    B. 数据库是一组文件

    C. 数据处理是将信息转化为数据的过程

    D. 如果一个关系中的属性或属性组不是本关系的主码，但它是另一个关系的主码，则称其为本关系的外码

6. 关系数据库管理系统能实现的专门关系运算包括(　　)。

    A. 增加、删除、更新　　　　　　　B. 选择、投影、连接

    C. 关联、更新、排序　　　　　　　D. 索引、统计、汇总

7. 关系数据库中所谓的"关系"是指(　　)。

    A. 表中的两个字段有一定的关系

    B. 某两个数据库文件之间有一定的关系

    C. 记录中的数据彼此之间有一定的关联关系

    D. 数据模型符合满足一定条件的二维表格式

8. 数据模型的三要素不包括(　　)。

    A. 数据查询　　B. 数据结构　　　　C. 数据操作　　　　D. 数据约束

9. 现实世界中的事物个体在概念世界中称为(　　)。

    A. 记录　　　　B. 实体　　　　　　C. 实体集　　　　D. 元组

10. 关系数据库的数据和更新操作必须遵循的完整性规则是(　　)。

    A. 实体完整性和参照完整性

    B. 参照完整性和用户自定义完整性

    C. 实体完整性和用户自定义完整性

    D. 实体完整性、参照完整性和用户定义的完整性

11. 设有如下关系表 R、S 和 T：

R

A	B	C
1	1	2
2	2	3

S

A	B	C
3	2	1

T

A	B	C
1	1	2
2	2	3
3	2	1

则下列操作正确的是(　　)。

    A. T=R∩S   B. T=R∪S   C. T=R-S   D. T=R×S

12. 应用数据库的主要目的是为了解决(　　)。

    A. 数据的保密问题   B. 数据完整性问题

    C. 数据量大的问题   D. 数据共享问题

13. 一家书店的店主想将 Book 表的"书名"设为主键，考虑到有重名的书，但相同书名的作者都不同。若按照店主的需求定义 Book 表的主键，则可以选择(　　)。

    A. 不定义主键

    B. 定义自动编号主键

    C. 将书名和作者组合定义多字段主键

    D. 再增加一个内容无重复的字段定义为单字段主键

14. 下列关于关系数据库文件中各条记录顺序的叙述，正确的是(　　)。

    A. 前后顺序不能任意改变，一定要按照关键字段值的顺序排列

    B. 前后顺序不能任意改变，一定要按照输入的顺序排列

    C. 前后顺序可以任意改变，不影响数据库中数据的数据关系

    D. 前后顺序可以任意改变，但排列顺序不同，统计处理的结果有可能不同

15. 一支球队由一名主教练、一名队医和若干球员组成,则球队和主教练是(　　)联系。

    A. 一对一   B. 一对多   C. 多对一   D. 多对多

16. 在关系数据库中，主码标识元组通过(　　)实现。

    A. 用户自定义完整性   B. 参照完整性

    C. 实体完整性   D. 值域完整性

17. 反映主键与外键之间引用规则的是(　　)。

    A. 用户自定义完整性   B. 参照完整性

    C. 实体完整性   D. 关系模型

18. 下列是关系模型的性质描述，错误的是(　　)。

    A. 关系中不允许存在两个完全相同的记录

    B. 任意的一张二维表就是一个关系

    C. 关系中元组的顺序无关紧要

    D. 关系中列的次序可以任意交换

19. 在关系模型中，主码可由(　　)。

    A. 至多一个属性组成

    B. 一个或多个其值能唯一标识该关系模型中任何元组的属性组成

    C. 多个任意属性组成

    D. 一个或多个任意属性组成

20. 有一张学生表：学生(学号，姓名，性别，年龄，身份证号)，则此学生表的候选码是(　　)。

    A. 学号，身份证号   B. 学号，姓名

    C. 学号，性别   D. 姓名，身份证号

21. 若有表示学生选课的三张表：学生(学号，姓名，性别，年龄，身份证号)，课程(课号，课名)，选课(学号，课号，成绩)，则选课表的关键字(也称键或码)是(　　)。

    A. 课号，成绩   B. 学号，成绩

    C. 学号，课号   D. 学号，姓名，成绩

22. 要显示 Stu 表中学生姓名和性别的信息，应采用的关系运算是(　　)。

    A. 选择   B. 投影   C. 连接   D. 交叉

23. 要显示 Stu 表中所有女学生的信息，应采用的关系运算是(　　)。

    A. 选择   B. 投影   C. 连接   D. 交叉

24. 将两个关系拼接成一个新的关系，生成的新关系中包含满足条件的元组，这种操作称为(　　)。

    A. 选择   B. 投影   C. 连接   D. 笛卡尔积

25. 在数据库应用系统开发过程中，需求分析阶段的主要任务是确定系统的(　　)。

    A. 系统功能   B. 数据模型

    C. 开发费用   D. 开发技术

26. 在数据库设计中，将 E-R 图转换成关系数据模型的过程属于(　　)阶段。

    A. 需求分析   B. 概念设计

    C. 逻辑设计   D. 物理设计

27. 数据库与文件系统的根本区别是(　　)。

    A. 提高了系统效率   B. 数据的结构化与共享

    C. 节省了存储空间   D. 方便了用户使用

28. 在开发企业进销存管理系统过程中到企业调研，属于数据库应用系统设计中(　　)阶段的任务。

    A. 物理设计   B. 概念设计

    C. 逻辑设计   D. 需求分析

29. 数据库系统的数据独立性体现在不会因为(　　)。

    A. 数据的变化而影响到应用程序

    B. 系统数据存储结构与数据逻辑结构的变化而影响应用程序

    C. 存储策略的变化而影响存储结构

    D. 某些存储结构的变化而影响其他的存储结构

30. 关系数据规范化的意义是(　　)。

    A. 保证数据的安全性和完整性

    B. 提高查询速度

    C. 减少数据操作的复杂性

    D. 消除关系数据的插入、删除和修改异常以及数据冗余

1.2.2 填空题

1. ＿＿＿＿＿＿＿＿是数据库中存储的基本对象，是描述事物的符号记录。

2. 依据＿＿＿＿＿＿来划分数据库的类型。数据库的性质由其采用的＿＿＿＿＿＿所决定。

3. 若有如下两个关系：

患者(患者编号，患者姓名，性别，出生日期，职业，既往病史)

医疗(患者编号，医生编号，医生姓名，诊断日期，诊断结果)

其中，医疗关系的主码是_____，外码是_____。

4. 如果一个护士管理多个病房，一个病房只被一个护士管理，则病房与护士之间存在_____联系。

5. 数据独立性高是数据库系统的特点之一，数据独立性包括_____和_____两种。当数据的逻辑结构改变时，用户的应用程序可以不改变，即是指数据具有_____独立性。

6. 在数据库设计过程中，_____和_____阶段的设计与选用的数据库管理系统密切相关。

7. 一个工人可以加工多种零件，每一种零件可以由不同的工人来加工，工人和零件之间为_____联系。

8. 关系中的属性或属性组合，其值能够唯一标识一个元组，该属性或属性组合可选作_____。

9. 在数据库的概念结构设计中，常用的描述工具是_____。

10. 数据库管理系统是位于_____之间的软件系统。

11. 关系运算是对关系数据库的数据操纵，主要用于关系数据库的_____操作。

12. 按照运算符的不同，关系代数的运算可分为_____和_____两类。

13. 由 2023 年 3 月组建的_____等 17 个部门联合发布《"数据要素×"三年行动计划(2024—2026 年)》。

14. 目前蚂蚁集团、网商银行的全部核心系统都由_____数据库支撑。

15. 2021 年 6 月 10 日，第十三届全国人民代表大会常务委员会第二十九次会议通过《中华人民共和国_____法》，此法规范数据处理活动，保障数据安全，促进数据开发利用，保护个人、组织的合法权益，维护国家主权、安全和发展利益。

16. 我国著名科学家钱学森在 1990 年将虚拟现实技术的元宇宙翻译为_____。

17. 实体与实体之间的联系有_____、_____和_____ 3 种。

18. "顾客"与"商品"两个实体集之间的联系一般是_____。

19. 一个关系表的行称为_____或_____。

20. 自然连接是_____的等值连接。

1.2.3　简答题

1. 数据管理技术经历了哪三个阶段？请简述各阶段的特点。

2. 数据库系统具有哪些特点？

3. 数据冗余可能引起哪些问题？

4. 数据库管理系统有哪些主要功能？请列举几个常见的数据库管理系统。

5. 什么是数据模型？数据模型应满足哪些要求？数据模型按不同的应用层次分为哪

三种类型？

6. 层次模型、网状模型和关系模型的数据结构是什么？请简述它们的优缺点。

7. 关系模型有什么特点？请简述关系模型的主要术语。

8. 超市每个时段要安排一个班组上岗值班，每个收银口要配备两名收银员配合工作，共同使用一套收银设备为顾客服务。请分析"顾客"与"收银口"、"班组"与"收银员"、"收银口"与"收银设备"、"收银口"与"收银员"的关系。

9. 图 1-1 所示的 E-R 模型中有哪几个实体？每个实体的候选码是什么？码是什么？实体之间有哪几种联系？此 E-R 图反映的课程编排规则是什么？

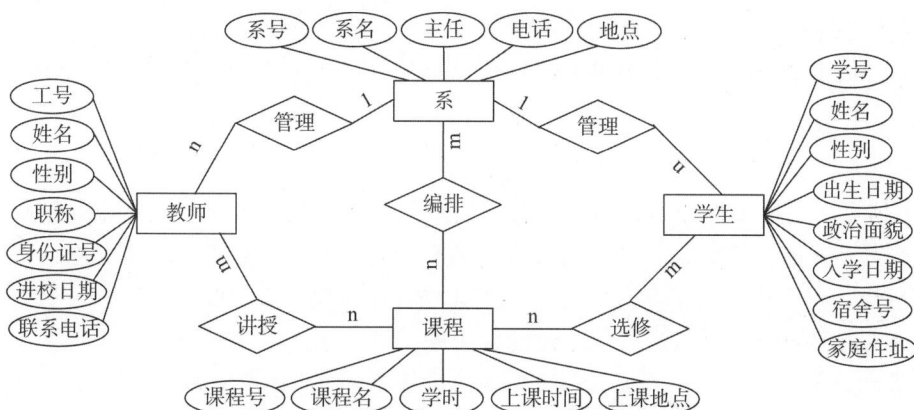

图 1-1　系部排课 E-R 图

10. 请举例说明关系的两个不变性。(实体完整性和参照完整性是所有关系模型必须满足的数据完整性约束，被称作是关系的两个不变性。)

11. 传统的集合运算包括哪些？如何用差运算来实现交运算？

12. 等值连接和自然连接有什么不同？

13. 数据库设计过程依次分为哪 6 个阶段？前 4 个阶段的成果分别是什么？

14. 在数据库设计的逻辑结构设计阶段，E-R 图向关系模型转换应遵循什么原则？

15. 试用关系模式的规范化理论分析表 1-1 中存在的问题，并手工分解成符合范式要求的关系模式。

表 1-1　机动车驾驶证申请条件汇总表

准驾车型	是否初学	身体条件		年龄条件		增驾条件	可否在暂住地申请
		身高(cm)	视力	申请年龄	允许年龄	驾驶经历及记分情况	
A1	否	155	5.0	26~50	26~60	B1、B2 五年以上且前三个周期内无满分记录 A2 两年以上且前一个周期内无满分记录 无死亡事故中负主要以上责任的记录	不可
…	…	…	…	…	…	…	…

1.3 实验案例

实验案例 1

案例名称：创建高校教学系统的实体-联系模型

【实验目的】

掌握用 E-R 图方法表示概念模型。

【实验内容】

本实验完成以下两项任务：

(1) 依据所述情况创建概念模型。某高校有若干个学院，每个学院有若干专业和教研室，每个教研室有若干教员，其中有教授或副教授职称的教员可带若干研究生。每个专业有若干班级，每个班有若干学生，每个学生选修若干课程，每门课可由若干名学生选修。

(2) 请到教务处调研高校教学排课管理业务，设计排课概念模型。参考实体：学生、课程、教师、教室。

请在 Microsoft Office Visio 中画出概念模型的 E-R 图。

实验案例 2

案例名称：创建大学生创新创业训练计划的概念模型

【实验目的】

掌握用 E-R 图或 UML 方法创建概念模型以解决实际问题。

【实验内容】

国家级大学生创新创业训练计划内容包括创新训练项目、创业训练项目和创业实践项目三类。

创新训练项目是本科生个人或团队，在导师指导下，自主完成创新性研究项目设计、研究条件准备和项目实施、研究报告撰写、成果(学术)交流等工作。

创业训练项目是本科生团队，在导师指导下，团队中每个学生在项目实施过程中扮演一个或多个具体的角色，参与编制商业计划书、开展可行性研究、模拟企业运行、参加企业实践、撰写创业报告等工作。

创业实践项目是学生团队，在学校导师和企业导师共同指导下，采用前期创新训练项目(或创新性实验)的成果，提出一项具有市场前景的创新性产品或者服务，以此为基础开展创业实践活动。

请从三类创新创业训练计划中任意选取一种，确定实体、实体的属性及实体间的联系，建立概念模型。

实验案例 3

案例名称：创建图书管理数据库的关系模式

【实验目的】

掌握 E-R 图向关系模型转换的规则，尝试以规范化理论为指导对关系模型进行优化。

【实验内容】

设计一个图书管理数据库，用 E-R 图画出它的概念模型，再将其用关系模式表示。此图书管理数据库中，每本图书的信息包括：书号、书名、作者、出版社和出版日期；每本被借图书的信息包括：读者编号、借出日期和应还日期；每位借阅者的信息包括：读者编号、姓名、性别、单位、已借阅数、最大可借阅数和违规记录。

为了显示更加直观，关系模式中的主键名请用下画线标出，外键名请用斜体表示。

实验案例 4

案例名称：大学生竞赛管理系统的逻辑数据模型设计

【实验目的】

联系实际，通过调查分析，设计逻辑数据模型，为在 Access 2016 中实现数据库应用系统做准备。

【实验内容】

大学生竞赛管理系统主要包括组织学生报名参赛、设置竞赛场地和场次、聘请评审专家、设计赛事议程和评审指标、设置奖项与奖品颁发等活动。请围绕这些活动，依据关系数据库理论设计逻辑数据模型。

大学生竞赛是通过各高校组队报名的形式组织学生参赛，一所院校可报多个团队，一个团队限报一件作品，一个学生可以参加多个团队，一个团队可由不超过 3 个学生组成，一件作品由多个专家评审，一个专家可以评审多件作品。由此可以设计：参赛学生应有学号、姓名、报名号、专业、年级、所属团队等属性；作品有作品编号、作品名称、作品类别、制作日期、作品简介、作品效果图、指导老师、参赛人数、报名号、赛场 ID 等属性；报名表有报名号、院校名、所属地区、组队、缴纳报名费等属性；赛场有赛场 ID、赛场名称、赛场地点、竞赛时间等属性；专家有专家号、专家姓名、职务职称、专业、单位、联系电话等属性。

请进一步细化以上各实体的属性，确定主码和外码。参赛作品与参赛学生、评审专家之间都有联系，如何建立这些联系，以构成一个较完整的竞赛管理逻辑数据模型？请按数据库设计流程完成设计。

实验案例 5

案例名称：高校学生社团管理系统的逻辑数据模型设计

【实验目的】

联系实际，通过调查分析，设计逻辑数据模型，为在 Access 2016 中实现数据库应用系统做准备。

【实验内容】

大学生校园文化丰富多彩，校方鼓励在校学生创办、参加各类社团。为加强社团管理，校团委会成立社团联合会(社联)对学生社团进行管理。高校学生社团管理系统的使用者主要是大学生、社团、社联及校团委。

大学生通过社团管理系统浏览社团简介、社团活动信息，以及一些通知公告或者招募信息，在社团/社联纳新时可以申请加入社团/社联，在达到一定的条件之后可以申请成立新社团。

社团的主要职能是申请活动、举办活动、管理学生的进团和退团。社团中包括负责人、社团成员和社团部门。

社联的主要职能是管理各个学生社团，审批社团的活动申请，组织社联活动，对学生进出社联进行管理等，社联中包括负责人、社联成员和社联部门。

校团委要对社联/社团进行工作指导和监管，一些大型的社联/社团活动需要校团委审批。

请结合自身加入社团/社联的经历，设计高校学生社团管理系统的逻辑模型。

实验案例 6

案例名称：基础电信业务逻辑数据模型设计

【实验目的】

通过调查分析，设计基础电信业务逻辑数据模型。

【实验内容】

电信业务是指电信网向公众提供的业务。电信业务根据业务类型分为基础电信业务和增值电信业务。基础电信业务又分为第一类、第二类两种。第一类基础电信业务是指固定通信、移动通信、卫星通信和数据通信；第二类基础电信业务是指集群通信、无线寻呼、卫星通信、数据通信、网络接入、设施服务和网络托管。

固定通信是指通信终端设备与网络设备之间主要通过电缆或光缆等线路固定连接，进而实现用户间相互通信，其主要特征是终端的不可移动性或有限移动性，如普通电话机、IP 电话终端、传真机、无绳电话机、联网计算机等电话网和数据网终端设备。固定通信业务包括：固定网本地电话业务、固定网国内长途电话业务、固定网国际长途电话业务、IP电话业务和国际通信设施服务业务等。

下面分别给出电信业务的客户资料表和客户出账表的常用字段。客户资料表：客户标识、客户类别、客户姓名、电话号码、证件类型、客户证件号码、付费方式、入网日期等；客户出账表：客户标识、基本月租费、增值服务费、本地通话费、长途通话费、总费用等。

请以第一类或第二类基础电信业务为建模对象，构建电信业务逻辑模型。

实验案例 7

案例名称：旅游管理信息系统模型设计

【实验目的】

通过调查分析，设计旅游管理信息系统数据模型。

【实验内容】

旅游管理信息系统中与业务有关的信息应包含：旅游线路、旅游班次、旅游团、游客、保险、导游、宾馆、交通工具等。"旅游线路"包括线路号、起点和终点等属性；"旅游班次"包括班次号、出发日期、天数和报价等属性；"旅游团"包括团号、团名、人数、联系人等属性；"游客"包括身份证号、姓名、性别、年龄、电话等属性；"导游"包括导游证号、姓名、性别、电话、等级等属性；"宾馆"包括宾馆编号、宾馆名称、星级、房价、电话等属性；"交通工具"包括车次、车型、座位数、司机姓名等属性；保险单包括保单号、保险费、投保日期等属性。

请到所在地的旅游机构进行调研，完善以上内容，画出旅游管理信息系统 E-R 图，并将其转化为关系模式。若两实体之间是多对多联系，请将其转化为两个关系模式。

实验案例 8

案例名称：汽车运输公司运营模型设计

【实验目的】

通过调查分析，设计汽车运输公司运营数据模型。

【实验内容】

汽车运输公司运营数据库中有 3 个实体集："车队"实体集有车队编号、车队名称、车队负责人等属性；"司机"实体集有司机工号、姓名、性别、年龄、电话等属性；"车辆"实体集有牌照号、车型、出厂日期等属性。规则：车队与司机之间存在"聘用"联系，每个车队可聘用若干司机，但每个司机只能被一个车队聘用，车队聘用司机有聘期；车队与车辆之间存在"拥有"联系，每个车队可拥有若干车辆，但每辆车只能归属一个车队；司机与车辆之间存在"驾驶"联系，司机驾驶车辆有驾驶日期、公里数、违章记录等属性，每个司机可以使用多辆汽车，每辆汽车可被多个司机使用。

请到所在地的汽车运输公司进行调研，完善以上内容，画出注明属性、联系类型和实体的 E-R 图，并将其转化为关系模式，标注主键和外键。若两实体之间是多对多联系，请将其转化为两个关系模式。

实验案例 9

案例名称：商业集团数据库管理系统模型设计

【实验目的】

依据关系数据库理论，设计商业集团数据库管理系统数据模型。

【实验内容】

某商业集团数据库有 5 个实体集："公司"实体集有公司编号、公司名、法定代表人、注册资金、地址等属性；"职工"实体集有职工编号、姓名、性别等属性；"仓库"实体集有仓库编号、仓库名、地址等属性；"商店"实体集有商店号、商店名、店长、地址等属性；"商品"实体集有商品号、商品名、单价等属性。

公司与仓库之间存在"隶属"联系，每个公司管辖若干仓库，每个仓库只能被一个公司管辖；仓库与职工之间存在"聘用"联系，每个仓库可聘用多个职工，每个职工只能在一个仓库工作，仓库聘用职工有聘期和工资；仓库与商品之间存在"库存"联系，每个仓库可存储若干种商品，每种商品存储在若干仓库中，每个仓库在存储一种商品时登记存储日期和存储数量；商店与商品之间存在"销售"联系，每个商店可销售若干种商品，每种商品可在若干个商店里销售，每个商店在销售一种商品时登记月份和月销量；仓库、商店、商品之间存在"供应"联系，有月份和月供应量两个属性。

请画出商业集团数据库管理系统 E-R 图，在图上注明属性和联系的类型；将 E-R 图转换为关系模型，并注明主码和外码。

【思考】

大型连锁超市信息管理系统的关系模型如何设计？

实验案例 10

案例名称：关于电影的数据库模式分析

【实验目的】

依据关系数据库理论，对给出的 5 个关系模式进行分析。

【实验内容】

电影 Movies(title,year,length,genre,studioName,producer#)

电影明星 MovieStar(name,address,gender,birthdate)

演出 StarsIn(movieTitle,movieYear,starName)

电影制片 MovieExec(name,address,cert#,netWorth)

电影公司 Studio(name,address,presC#)

试分析：各关系模式属性的含义，各关系的主键是什么？各关系之间存在怎样的联系？

实验案例 11

案例名称：XML 模型应用

【实验目的】

加深理解 XML 模型的特点，学会用以树型结构展示 XML 文档信息。

【实验内容】

(1) 在记事本中录入以下 XML 代码，分别以文件名 XMLcase.txt 和 XMLcase.html 保存。注意文件扩展名。

```
<? xml version="1.0" encoding="UTF-8" standalone="yes"?>
<!-- This is an experimental case -->
<bookstore>
```

```
    <book category=" FICTION">
      <title lang="en">Harry Potter</title>
      <author>J K. Rowling</author>
      <year>2005</year>
      <price>28.99</price>
    </book>
    <book category="DATABASE">
      <title lang="en">Database System Concepts</title>
      <author>Abraham Silberschatz</author>
      <year>2012</year>
      <price>90.00</price>
    </book>
    <book category="DATAWAREHOUSE">
      <title lang="en">Building the Data Warehouse</title>
      <author>William H.Inmon</author>
      <year>2005</year>
      <price>35.10</price>
    </book>
</bookstore>
```

(2) 打开 XMLcase.html 文件，默认打开的应用程序是什么？显示的信息是什么？为什么？

(3) 打开 XMLcase.txt 文件，默认打开的应用程序是什么？显示的信息是什么？

(4) 分析此 XML 文档结构，画一张根元素在顶端的树形图，表示标题为 Harry Potter 的书籍。

树形图可以参照图 1-2。

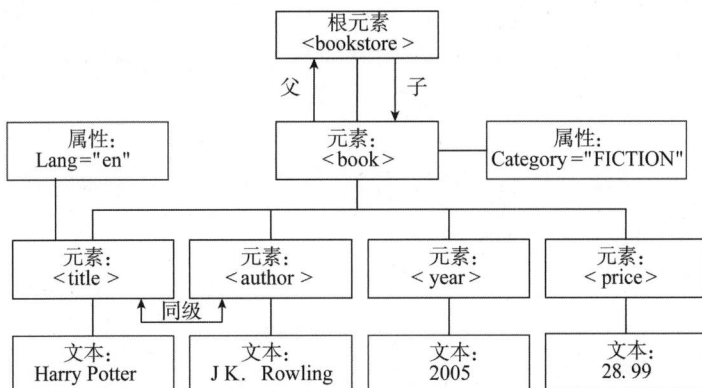

图 1-2　XML 文档树形图

根元素是<bookstore>，文档中的所有<book>元素都被包含在<bookstore>中。<book>元素有<title>、< author>、<year>和<price>四个子元素。

第 2 章

"人工智能+" 数据技术

2.1 知识要点

2.1.1 人工智能的定义

人工智能(Artificial Intelligence，AI)于 1956 年诞生，像许多新兴学科一样，至今尚无统一定义。

现行国家标准GB/T 11457—2006《信息技术 软件工程术语》对人工智能的定义：计算机科学的一个分支，专门研制执行通常与人的智能有关联的功能(例如，推理、学习和自改进)的数据处理系统；某一设备执行通常与人的智能有关联的功能(例如，推理、学习和自改进)的能力。

百度百科对人工智能的定义：研究、开发用于模拟、延伸和扩展人的智能的理论、方法、技术及应用系统的一门新的技术科学。

从宏观层面来看，人工智能可分为弱人工智能、通用人工智能和超级人工智能三个发展阶段。

1. 弱人工智能(Narrow AI)

弱人工智能也称狭义人工智能，是指专门针对特定任务的人工智能系统。例如，语音识别软件、推荐系统、自动驾驶汽车中的某些功能等。这些系统在特定任务上表现出色，但在其他领域则无法应用。

2. 通用人工智能(Artificial General Intelligence，AGI)

通用人工智能也称强人工智能，是指一种能够像人类一样思考、学习和执行多任务的人工智能系统，它具有高效的学习和泛化能力，能根据所处的复杂动态环境自主产生并完成任务，它具备自主感知、认知、决策、学习、执行和社会协作等能力，且符合人类情感、伦理和道德观念。全球生成式 AI 领军者 OpenAI 公司将 AGI 写在了自己的企业使命中。

3. 超级人工智能(Artificial Superintelligence，ASI)

超级人工智能是指在所有领域都远远超越人类智能水平的人工智能系统。这种系统不仅能够执行人类的所有任务，还能在这些任务上展现出前所未有的效率和创造力。ASI 目前还属于科幻和理论探讨的范畴。

2.1.2 人工智能的起源与发展

1. 孕育期(1956 年前)

人类对智能机器和人工智能的梦想和追求可追溯到三千多年前我国西周、东汉和三国时期。20 世纪初，数理逻辑研究取得重大突破，为人工智能的逻辑推理和符号处理奠定了理论基础。1943 年，麦卡洛克和皮茨提出人工神经网络的概念并构建人工神经元的 MP 模型，开创了人工神经网络研究时代。1949 年，唐纳德·赫布出版《行为的组织》，提出 Hebb 学习规则，为机器学习中的人工神经网络的学习算法奠定基础。1950 年，阿兰·麦席森·图灵发表《计算机器与智能》(Computing Machinery and Intelligence)论文，提出"图灵测试"，为判断机器是否具有智能提供了一种方法，被广泛认为是人工智能的开端，图灵被誉为人工智能之父。

2. 诞生与初步发展(1956 年至 20 世纪 60 年代末)

1956 年夏，年轻的数学助教约翰·麦卡锡和他的三位朋友马文·明斯基、纳撒尼尔·罗切斯特和克劳德·香农，邀请艾伦·纽厄尔和赫伯特·西蒙等科学家在美国的达特茅斯(Dartmouth)学院组织了一个夏季学术讨论班，历时两个月。参加会议的是在数学、神经生理学、心理学和计算机科学等领域从事教学和研究工作的学者，在会上第一次正式使用了"人工智能"这一术语，这标志着人工智能学科正式诞生。约翰·麦卡锡通常被认为是人工智能之父。

3. 挫折与调整(20 世纪 60 年代末至 70 年代)

人们发现当时的计算机有限的内存和处理速度不足以解决实际的人工智能问题，也难以建立庞大的数据库帮助程序学习。由于研究进展未达预期，英国政府、美国国防部高级研究计划局等机构逐渐停止了对人工智能研究的资助。

4. 第一次低谷与再次兴起(20 世纪 70 年代至 80 年代末)

20 世纪 70 年代初开始，人工智能研究进入第一次寒冬，科学活动和商业活动衰退，持续近 20 年。20 世纪 80 年代，卡耐基梅隆大学制造出可应用于工业领域的专家系统，企业和大学纷纷参与开发，世界 500 强企业中近一半都研制或使用了专家系统。同时，人工智能数学模型方面取得重大突破，1986 年的多层神经网络和 BP 反向传播算法，推动了神经网络技术的复兴。

5. 第二次低谷与再次繁荣(20 世纪 80 年代末至 90 年代末)

1987 年至 1993 年，苹果公司、IBM 公司推广的第一代台式机费用远低于专家系统的软硬件开销，且专家系统实用性局限于特定情景，美国国防部高级研究计划局也调整拨款方向，人工智能研究进入第二次寒冬。1997 年，IBM 公司的"深蓝"电脑与国际象棋世界冠军卡斯帕罗夫对战并获得胜利，这是首个电脑系统在标准比赛时限内击败国际象棋世界冠军的事件，展示了人工智能在复杂任务处理上的能力。

6. 稳步发展与应用拓展(2000 年至 2022 年)

21 世纪初，卷积神经网络 CNN 在图像识别任务上表现出色，推动了深度学习的兴起，为自动驾驶、医疗影像等应用奠定了基础。2011 年，IBM 公司的 Watson 在美国智力问答节目上击败两位人类冠军，展现了人工智能在自然语言处理和知识问答方面的能力。人工智能在一些特定领域的应用逐渐成熟。

2017 年 Google 推出 Transformer 模型，为自然语言处理等领域带来重大变革。2018 年 OpenAI 公司开始推出以海量参数和强大生成能力著称的 GPT 系列模型。2022 年生成式人工智能(Generative AI)开始崛起。

7. 广泛应用与深入发展(2023 年至今)

2023 年大模型正式进入开源商用阶段，生成式预训练模型的应用成为人们日常生活中的热门工具，人工智能大规模应用元年到来。2024 年几乎所有重要的模型供应商都发布了多模态模型，人工智能正处于广泛应用与深入发展阶段，同时也在面临伦理、法律和社会影响等方面的挑战。未来，AI 的发展可能会更加注重可解释性、安全性，以及与人类的和谐共生。

2.1.3 人工智能的主要学派

目前人工智能的主要学术流派包括符号主义、连接主义和行为主义三种。这些学派各自拥有独特的理论基础、应用场景和技术手段，共同推动了人工智能技术的发展。

1. 符号主义(Symbolism)

符号主义又称逻辑主义、心理学派或计算机学派。该学派认为人工智能源于数理逻辑，人的认知基元是符号，而且认知过程即符号操作过程。知识是信息的一种形式，是构成智能的基础，人工智能的核心问题是知识表示、知识推理和知识运用。

2. 连接主义(Connectionism)

连接主义又称仿生学派或生理学派，其主要观点是人工智能可以通过模拟人脑的神经系统结构来实现。大脑是由神经元组成的复杂网络，神经元之间通过突触相互连接，智能活动是由大量神经元的集体活动所产生的。

3. 行为主义(Behaviourism)

行为主义又称进化主义或控制论学派，该学派认为智能行为可以在与环境的交互作用中不断进化和学习得到，强调智能是在感知环境和做出行动的循环过程中涌现出来的，而不是通过内在的符号表示或复杂的神经网络连接。

2.1.4　机器学习

机器学习(Machine Learning)是人工智能的一个重要分支，是一种能够根据输入数据训练模型的系统。它的主要目标是让计算机系统通过对模型进行训练，使计算机能够从新的或以前未见过的数据中得出有用的预测。

机器学习主要分为监督学习、无监督学习、强化学习和联邦学习等类型。

1. 监督学习(Supervised Learning)

监督学习也称有导师学习、有监督学习，它使用已标记的训练数据，即数据集中的每个样本都包含输入特征和对应的输出标签(目标值)。模型的任务是学习输入和输出之间的映射关系，从而能够对新的输入数据进行准确的预测。

监督学习的主要类型是分类和回归。

2. 无监督学习(Unsupervised Learning)

无监督学习也称无导师学习、归纳性学习，它是利用未标记的数据进行学习的机器学习方法。在无监督学习中，数据没有预先定义的标签或目标值，模型需要自己发现数据中的结构、模式和规律。例如，给定一组用户的购物行为数据，无监督学习模型可以发现具有相似购物模式的用户群体，而不需要预先知道这些群体的定义。

无监督学习的主要类型是聚类、数据降维和异常检测。

3. 强化学习(Reinforcement Learning)

强化学习也称再励学习、评价学习或增强学习，它让模型在环境里采取行动，获得结果反馈。模型从反馈里学习，从而能在给定情况下采取最佳行动来最大化奖励或是最小化损失。例如，在一个机器人控制的强化学习场景中，机器人(智能体 agent)在房间(环境 environment)中移动，它的每一个动作(action)，如向前走、转弯等，都会得到一个奖励(reward)信号，如到达目标位置得到正奖励，碰撞障碍物得到负奖励，机器人通过不断尝试来学习最优的行动策略，以最快的速度到达目标位置并避免碰撞。又如，在一个游戏环境中，游戏的画面和游戏角色的状态构成环境状态，游戏角色的操作，如跳跃、攻击等，是动作空间，完成任务或获得高分得到正奖励，失败或扣分得到负奖励。

强化学习的主要应用场景是机器人控制、游戏行业和资源管理。

4. 联邦学习(Federated Learning)

联邦学习由 Google AI 团队在 2016 年提出，主要是为了解决移动设备的模型训练问题，在保护用户隐私的同时进行模型协同训练。

联邦学习是指一种多个参与方在保证各自原始私有数据不出数据方定义的可信域的前提下，以保护隐私数据的方式交换中间计算结果，从而协作完成某项机器学习任务的模式。例如，多家医院参与联邦学习，每个医院使用自己的患者数据在本地训练模型，然后将训练后的参数加密发送给一个中心服务器，中心服务器聚合这些参数得到一个更准确的疾病诊断模型，而在这个过程中患者的数据始终没有离开医院。

联邦学习的主要应用场景是隐私敏感和物联网领域。

2.1.5　深度学习

深度学习(Deep Learning)是机器学习的一个子领域，其核心在于使用人工神经网络模仿人脑处理信息的方式，通过层次化的方法提取和表示数据的特征。虽然单层神经网络就可以做出近似预测，但是添加更多的隐藏层可以优化预测的精度和准确性。神经网络由许多基本的计算和存储单元组成，这些单元被称为神经元。神经元通过层层连接来处理数据，并且深度学习模型通常有很多层，因此被称为"深度"学习。深度学习模型能够学习和表示大量复杂的模式，在图像识别、语音识别和自然语言处理等任务中非常有效。

2.1.6　AI 的技术发展方向

孙凝晖院士预测人工智能的技术前沿将朝着以下 4 个方向发展。

1. 多模态大模型

从人类视角出发，人类智能是天然多模态的，人拥有眼、耳、鼻、舌、身、嘴(语言)，从 AI 视角出发，视觉，听觉等也都可以建模为 token 的序列，可采取与大语言模型相同的方法进行学习，并进一步与语言中的语义进行对齐，实现多模态对齐的智能能力。

2. 视频生成大模型

OpenAI 公司于 2024 年 2 月发布文生视频模型 Sora，将视频生成时长从几秒钟大幅提升到一分钟，且在分辨率、画面真实度、时序一致性等方面都有显著提升。Sora 的最大意义是它具备了世界模型(World Models)的基本特征，即人类观察世界并进一步预测世界的能力。世界模型是建立在理解世界的基本物理常识之上，观察并预测下一秒将要发生什么事件。虽然 Sora 要成为世界模型仍然存在很多问题，但可以认为 Sora 具备了画面想象力和分钟级未来预测能力，这是世界模型的基础特征。

3. 具身智能

具身智能指有身体并支持与物理世界进行交互的智能体，如机器人、无人车等，通过多模态大模型处理多种传感数据输入，由大模型生成运动指令对智能体进行驱动，替代传统基于规则或者数学公式的运动驱动方式，实现虚拟和现实的深度融合。因此，具有具身智能的机器人，可以聚集人工智能的三大流派：以神经网络为代表的连接主义，以知识工程为代表的符号主义和控制论相关的行为主义，三大流派可以同时作用在一个智能体，这预期会带来新的技术突破。

4. AI4R

AI4R(AI for Research)已成为科学发现与技术发明的主要范式。由于人工智能大模型具有全量数据，具备上帝视角，借助深度学习的能力，人工智能大模型能够比人向前看更多步数。如果能实现从推断到推理的跃升，人工智能模型就有潜力具备像爱因斯坦那样的想象力和科学猜想能力，这将极大地提升人类科学发现的效率，打破人类的认知边界。

2.1.7 我国 AI 产业发展现状

人工智能正成为发展新质生产力的重要引擎，加速与实体经济的深度融合，全面赋能新型工业化，深刻改变工业生产模式和经济发展形态，将对我国加快建设制造强国、质量强国、网络强国和数字中国发挥重要的支撑作用。

人工智能产业链包括基础层、框架层、模型层和应用层等 4 个部分。其中，基础层主要包括算力、算法和数据；框架层主要指用于模型开发的深度学习框架和工具；模型层主要指大模型等技术和产品；应用层主要指人工智能技术在行业场景的应用。

目前，我国人工智能产业在技术创新、产品创造和行业应用等方面实现快速发展，形成庞大市场规模。伴随以大模型为代表的新技术加速迭代，人工智能产业呈现出创新技术群体突破、行业应用融合发展、国际合作深度协同等新特点，亟需完善人工智能产业标准体系。

2.1.8 我国 AI 标准化体系建设总体要求

1. 坚持创新驱动

优化产业科技创新与标准化联动机制，加快人工智能领域关键共性技术研究，推动先进适用的科技创新成果高效转化成标准。

2. 坚持应用牵引

坚持企业主体、市场导向，面向行业应用需求，强化创新成果迭代和应用场景构建，协同推进人工智能与重点行业融合应用。

3. 坚持产业协同

加强人工智能全产业链标准化工作协同，加强跨行业、跨领域标准化技术组织的协作，打造大中小企业融通发展的标准化模式。

4. 坚持开放合作

深化国际标准化交流与合作，鼓励我国企事业单位积极参与国际标准化活动，携手全球产业链上下游企业共同制定国际标准。

2.1.9 我国人工智能标准体系结构

人工智能标准体系结构包括基础共性、基础支撑、关键技术、智能产品与服务、赋能新型工业化、行业应用和安全/治理等 7 个部分。

2.1.10 我国人工智能治理

中国信息通信研究院发布的《人工智能治理蓝皮书(2024 年)》显示，我国坚持人工智能发展与安全并重，强调国家主导，涵盖顶层设计、法律制度、部门规章和技术标准四大层面，形成了由政府引导、多部门协同、公司部门合作参与的全方位治理格局。我国人工智能治理已形成监管备案、伦理审查和安全框架三个维度相互独立又紧密关联，各有侧重又相辅相成的制度保障体系。

我国已有的立法为人工智能治理奠定了扎实的制度基础。《中华人民共和国网络安全法》《中华人民共和国个人信息保护法》《中华人民共和国数据安全法》三部立法从基础设施、数据要素、自动化决策等方面对人工智能进行了要素治理，《中华人民共和国民法典》《中华人民共和国电子商务法》《中华人民共和国反不正当竞争法》等立法针对性回应了人工智能带来的肖像权侵犯、恶意竞价排序等问题。

2.1.11　国家数据基础设施内涵

数据已成为与土地、劳动力、资本、技术等传统要素并列的新型生产要素。党的二十届三中全会提出"建设和运营国家数据基础设施，促进数据共享"。国家发展和改革委员会、国家数据局、工业和信息化部 2024 年 12 月 31 日印发《国家数据基础设施建设指引》。

国家数据基础设施是从数据要素价值释放的角度出发，面向社会提供数据采集、汇聚、传输、加工、流通、利用、运营、安全服务的一类新型基础设施，是集成硬件、软件、模型算法、标准规范、机制设计等在内的有机整体。国家数据基础设施在国家统筹下，由区域、行业、企业等各类数据基础设施共同构成。网络设施、算力设施与国家数据基础设施紧密相关，并通过迭代升级，不断支撑数据的流通和利用。

2.1.12　国家数据基础设施发展愿景目标

国家数据基础设施是数据基础制度和先进技术落地的重要载体。

在数据流通利用方面，建成支持全国一体化数据市场、保障数据安全自由流动的流通利用设施，形成协同联动、规模流通、高效利用、规范可信的数据流通利用公共服务体系。

在算力底座方面，构建多元异构、高效调度、智能随需、绿色安全的高质量算力供给体系。

在网络支撑方面，构建泛在灵活接入、高速可靠传输、动态弹性调度的数据高速传输网络。

在安全方面，构建整体、动态、内生的安全防护体系。

在应用方面，支持传统行业转型升级，赋能人工智能等新兴产业发展。

总体实现"汇通海量数据、惠及千行百业、慧见数字未来"的美好愿景。

2.1.13　国家数据基础设施总体技术架构

国家数据基础设施具有数据采集、汇聚、传输、加工、流通、利用、运营、安全八大能力。

2.1.14　我国数据库产业发展现状

在新一轮人工智能浪潮驱动下，全球数据库产业变革不断，多强竞争格局逐步形成。得益于国家战略引领，我国数据库产业进入蓬勃发展期和关键应用期。

根据中国通信标准化协会发布的《数据库发展研究报告(2024 年)》，2024 年全球数据库市场规模已突破千亿美金大关，约为 1010 亿美元，企业数量和产品种类也在不断增加，中国数据库市场规模达到 74.1 亿美元(约合人民币 522.4 亿元)，占全球的 7.34%。预计到

2028 年，中国数据库市场总规模将达到 930.29 亿元，市场复合年均增长率为 12.23%。

2.1.15 我国数据库支撑体系

(1) 标准方面，我国数据库标准体系日益完善助力产业高质量发展。

(2) 创新方面，非关系型数据库为重点，我国创新能力日益增强。

2.1.16 我国数据库关键技术发展趋势

随着智能化时代的来临，业务应用场景不断丰富，数据库作为数据基础设施的重要组成部分，呈现出技术融合创新发展、新兴技术逐步应用落地和人工智能与数据库双向赋能的特征。

2.2 思考与练习

2.2.1 选择题

1. 人工智能(Artificial Intelligence，AI)诞生于( )年。

    A. 1943   B. 1949   C. 1956   D. 2018

2. 从宏观层面来看，人工智能可分为三个发展阶段，不包括( )。

    A. 弱人工智能   B. 强人工智能

    C. 超级人工智能   D. 具身人工智能

3. 2017 年 Google 推出( )模型，为自然语言处理等领域带来重大变革。

    A. Transformer   B. LSTM   C. RNN   D. CNN

4. 机器学习类型不包括( )。

    A. 监督学习   B. 大模型学习   C. 强化学习   D. 联邦学习

5. 无监督学习的类型不包括( )。

    A. 聚类   B. 回归   C. 数据降维   D. 异常检测

6. 世界上最早用于人工智能研究的编程语言是( )。

    A. Fortran   B. Golang   C. LISP   D. C++

7. 我国 AI 治理已形成三个维度相互独立又紧密关联，各有侧重又相辅相成的制度保障体系，这三个维度不包括( )。

    A. 大语言模型   B. 伦理审查   C. 安全框架   D. 监管备案

8. ( )是指一种高度可扩展的数据存储架构，它专门用于存储大量原始数据和衍生数据，这些数据可以来自各种数据源并以不同的格式存在，包括结构化、半结构化和非结构化数据。

    A. 索引   B. 湖仓一体   C. 散列   D. 数据湖

9. ( )是原生支持多种数据模型，提供多模数据的存储、查询、管理、处理能力的数据库管理系统。

    A. 全密态数据库　B. 多模数据库　　C. 向量数据库　　　D. 云原生数据库

10. 时空数据库能够通过( )的方式对不同格式的时空数据进行处理，打破传统时空数据处理平台限制。

    A. 托管服务　　　B. 格式转换　　　C. 多库联合　　　　D. 一库统管

2.2.2 填空题

1. 本章 AGI 和 AIGC 两个缩写的中文含义分别是_____和_____。

2. 人工智能三个主要的学术流派是_____、_____和_____。

3. 阿兰·麦席森·图灵于 1950 年发表《计算机器与智能》论文，提出_____，为判断机器是否具有智能提供了一种方法。

4. _____指有身体并支持与物理世界进行交互的智能体。

5. 人工智能产业链包括基础层、框架层、模型层和_____等 4 个部分。其中，基础层主要包括算力、算法和_____。

6. 大数据平台架构不断演进，以数据仓库和数据湖为两类经典代表，近年来，这两项技术在演进过程中不断融合形成_____技术架构。

7. 连接主义的核心技术是_____。

8. 行为主义主要采用_____学习的方法。

2.2.3 简答题

1. 人工智能标准体系结构包括哪几个部分？
2. 国家数据基础设施的内涵是什么？
3. 国家数据基础设施具有哪些能力？
4. 人工智能与数据库之间如何双向赋能？
5. 请使用两种大语言模型工具，从三个不同维度预测数据库技术的发展。
6. 请你谈谈对人工智能伦理和人工智能安全的认识。
7. 人工智能如何赋能数据库应用技术的学习？

2.3 实验案例

实验案例 1

案例名称："通义千问"赋能课程学习

【实验目的】

(1) 熟悉阿里云"通义千问"大模型,体会一个不断进化的 AI 大模型。

(2) 探索大模型产品的测试方法,提高应用大模型的课程学习能力。

【实验内容】

本实验完成以下两项任务:

(1) 熟悉"通义千问"功能。

访问阿里云的通义千问大规模语言模型 https://tongyi.aliyun.com/,首页如图 2-1 所示。2023 年 4 月 11 日的阿里云峰会上首次揭晓了"通义千问"大模型,在之前一周,阿里云已经开启了该模型的企业邀请测试,并上线了测试官网。初次发布后的几个月内,"通义千问"持续迭代和优化。

图 2-1　通义千问首页

2023 年 8 月 3 日:通义千问旗下 70 亿参数通用模型 Qwen-7b 和对话模型 Qwen-7b-chat 上架魔搭开源。

2023 年 9 月 13 日:通义千问大模型首批通过备案,正式向公众开放。

2023 年 10 月 31 日:阿里云在 2023 云栖大会上正式升级发布通义千问 2.0,模型参数达到千亿级别。

2024 年 4 月 28 日:通义千问开源 1100 亿参数模型 Qwen1.5-110b。

2024 年 5 月 9 日:发布通义千问 2.5 版本。

2024 年 6 月 7 日:阿里通义千问 Qwen2 大模型发布,并在 Hugging Face 和 ModelScope 上同步开源。

通义千问的发展历程体现了阿里巴巴在大模型领域的持续投入和技术创新,这不仅推动了模型的参数规模,也提升了模型的应用能力。

(2) 利用"通义千问"学习数据库技术的基本术语。

数据库技术的基本术语参见《Access 2016 数据库应用技术案例教程》1.1 节。

实验案例 2

案例名称："文心一言"赋能课程学习

【实验目的】

(1) 熟悉百度"文心一言"大模型，体会其"有用、有趣、有温度"的含义。

(2) 探索大模型产品的测试方法，提高应用大模型的课程学习能力。

【实验内容】

本实验完成以下两项任务：

(1) 熟悉"文心一言"功能。

"文心一言"是百度研发的人工智能大语言模型(https://yiyan.baidu.com/)，首页如图 2-2 所示。它能够通过上一句话，预测生成下一段话。任何人都可以通过输入"指令"和文心一言进行对话互动、提出问题或要求，让文心一言高效地帮助人们获取信息、知识和灵感。

图 2-2　文心一言首页

文心一言是用户的智能伙伴，既能写文案、想点子，又能陪用户聊天、答疑解惑。

文心一言由文心大模型驱动，具备理解、生成、逻辑、记忆四大基础能力，能够帮助用户轻松搞定各类复杂任务。

① 理解能力：听得懂潜台词、复杂句式、专业术语，人类说的每一句话，它大概率都能听懂。

② 生成能力：快速生成文本、代码、图片、图表、视频。人类目光所至的所有内容，它几乎都能生成。

③ 逻辑能力：能帮用户解决复杂的逻辑难题、困难的数学计算、重要的职业/生活决策，情商智商双商在线。

④ 记忆能力：不仅有高性能，更有好记性。N 轮对话过后，使用者话里的重点它总会记得，帮助用户步步精进，解决复杂任务。

用户可以向文心一言提问题，如：帮我解释一下什么是概念模型；也可以请文心一言帮助完成任务，如：画一个学习 Access 2016 数据库应用技术的大学生头像，文心一言 3.5 模型给出的头像如图 2-3 所示。

图 2-3 文心一言对话界面

(2) 利用"文心一言"学习数据模型。

数据模型参见《Access 2016 数据库应用技术案例教程》1.2 节。

实验案例 3

案例名称：Globe Explorer 智能搜索引擎

【实验目的】

(1) 体会和思考人工智能技术领域中的重要能力——搜索。

(2) 体验和思考智能搜索引擎的创新发展。

【实验内容】

本实验完成以下两项任务：

(1) 熟悉 Globe Explorer 功能的使用。

Globe Explorer 是一款全新的人工智能搜索引擎(https://top.aibase.com/tool/globe-explorer)，首页如图 2-4 所示。不同于传统的搜索引擎，Globe Explorer 提供了更为丰富和个性化的搜索体验，不管对工程、科学、艺术、学校、技术、爱好、生活方式等领域有何需求，它都能满足使用者的探索欲望，轻松发现其感兴趣的内容。它提供个性化搜索体验，支持多语言搜索，致力于提供高质量的搜索结果。它能够将搜索关键词自动整理成思维导图，帮助用户快速明了地查看信息。例如：研究人员使用 Globe Explorer 搜索学术资料，快速整理成思维导图；学生利用 Globe Explorer 整理课程笔记，形成清晰的学习结构；专业人士使用 Globe Explorer 进行市场调研，高效获取和整理信息。

图 2-4　Globe Explorer 首页

(2) 利用 AI 智能搜索赋能课程学习。

搜索"Access 数据库的学习方法"，可获得两项推荐，如图 2-5 所示。

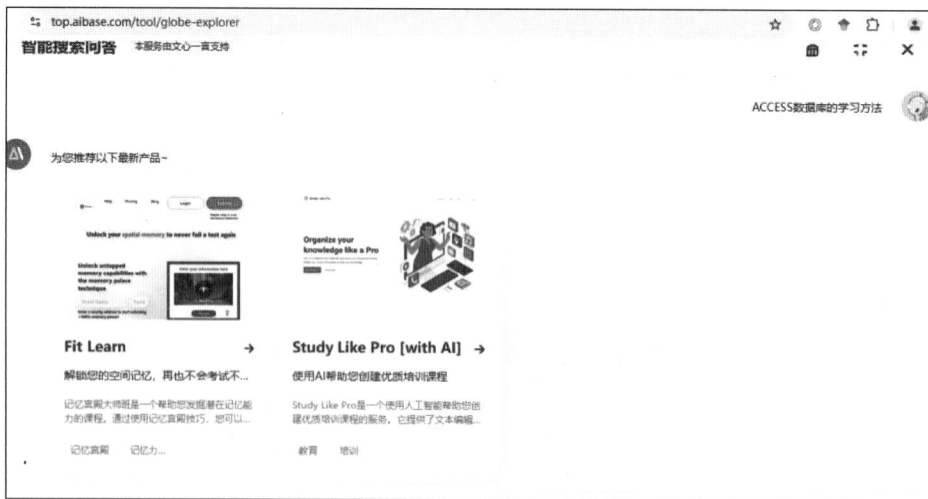

图 2-5　Globe Explorer 交互界面

实验案例 4

案例名称："讯飞星火认知"赋能课程学习

【实验目的】

(1) 熟悉科大讯飞"讯飞星火认知"大模型，体会"中国头部水平"。

(2) 探索大模型产品的测试方法，提高应用大模型的学习和工作能力。

【实验内容】

本实验完成以下三项任务：

(1) 熟悉"讯飞星火认知"功能。

"讯飞星火认知"由科大讯飞于 2023 年 5 月 6 日发布，是位列中国头部的人工智能大模型产品(https://xinghuo.xfyun.cn/)，首页如图 2-6 所示。该模型具有 7 大核心能力，即文本生成、语言理解、知识问答、逻辑推理、数学能力、代码能力、多模交互。该模型对标 ChatGPT，通过海量文本、代码和知识的学习，拥有了跨领域的知识和语言理解能力，能够基于自然对话方式理解与执行任务。

图 2-6　讯飞星火认知登录界面

2023 年 5 月 6 日：科大讯飞正式发布"讯飞星火认知大模型"。

2023 年 6 月 9 日：发布星火认知大模型 V1.5，升级了开放式知识问答和多轮对话等能力。

2023 年 8 月 15 日：发布星火认知大模型 V2.0，进一步升级了代码能力和多模态能力。

2023 年 9 月 5 日：星火大模型正式面向全民开放。

2023 年 10 月 24 日：发布星火认知大模型 V3.0。

2024 年 1 月 30 日：发布星火认知大模型 V3.5，7 大核心能力全面提升。

2024 年 4 月 26 日：星火认知大模型 V3.5 更新，发布了首个长文本、长图文、长语音大模型。

2024 年 6 月 27 日：发布星火认知大模型 V4.0，在多个方面实现对 GPT-4 Turbo 的整体超越。

(2) 讯飞星火认知大模型赋能课程学习。

向大模型提问：人工智能时代，如何高效学习 Office Access 2016？讯飞星火认知大模型的回答如图 2-7 所示。

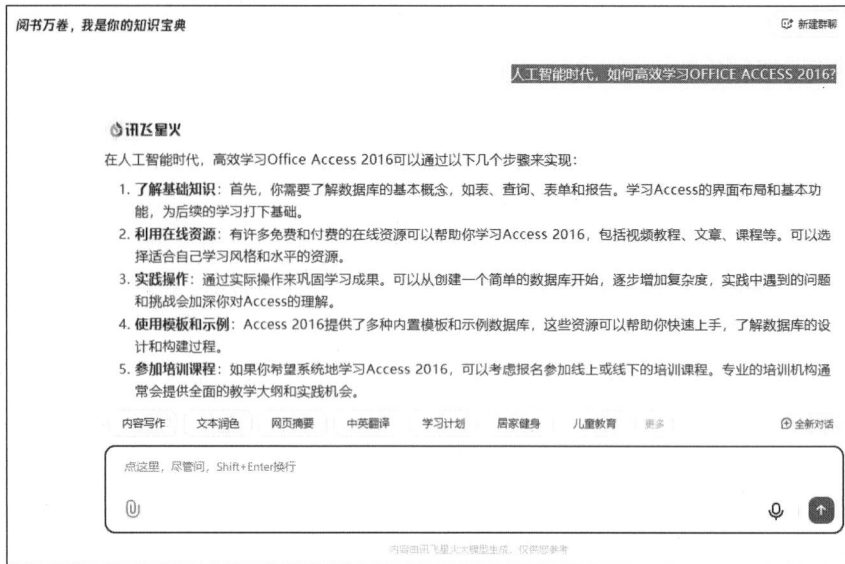

图 2-7　讯飞星火认知交互界面

(3) 了解当今多模态概念和多模态大模型，关注大模型产业的进化发展。

星火绘镜平台的功能：

文本自动转视频：用户只需提供文本描述，星火绘镜即可利用其 AI 技术，智能生成视频剧本，进一步转换成视频分镜，最终制作成完整的短视频。

智能视频编辑工具：平台内置多种智能化编辑工具，包括但不限于文本内容调整、背景音乐合成、旁白及对话生成等，这些工具的运用，使得视频编辑过程更加直观和便捷。

一键式视频分发：完成视频制作后，用户可以轻松地通过星火绘镜的一键分发功能，将作品推广到各大社交和视频平台，扩大作品的受众范围。

【思考】

如何选择适合自己水平和学习进度的 AI 工具？

实验案例 5

案例名称："纳米 AI 搜索"赋能课程学习

【实验目的】

(1) 熟悉 360 公司"纳米 AI 搜索"大模型，体会 Access 2016 中的简单销售数据预测。

(2) 利用 AI 算法对 Access 2016 数据库中的销售数据进行简单趋势预测。

【实验内容】

采用简单的线性回归算法，根据历史销售数据预测未来的销售趋势。

本实验完成以下四项任务：

(1) 数据收集。

从 Access 2016 数据库的销售表中提取历史销售数据，包括销售日期和销售额两个字段。

(2) 数据预处理。

将销售日期转换为可以进行数学计算的格式(如时间戳或序号)。对销售额数据进行清洗，去除异常值(如明显错误的极大值或极小值)。

(3) 模型构建。

使用线性回归算法，在 VBA 编程环境中构建一个简单的预测模型。将处理后的销售日期(转换后的数值)作为自变量，销售额作为因变量进行模型训练。

(4) 预测与结果展示。

利用训练好的模型，对未来的销售日期对应的销售额进行预测。将预测结果以图表(例如，在 Access 2016 中创建一个查询结果的图表视图)的形式展示出来，直观地显示销售趋势。

第 *3* 章

数据库和表

3.1 知识要点

3.1.1 创建数据库

Access 2016 提供两类数据库的创建，即 Web 数据库和传统数据库。建立数据库的方法主要有下面两种：

- 建立一个空数据库，然后在里面添加表、查询、窗体和报表等数据库对象。这种方法较为灵活，但需要分别定义和设计每个数据库对象。
- 使用数据库模板，模板是一个完整的跟踪应用程序，其中包含预定义表、窗体、报表、查询、宏和关系。这些模板被设计为可立即使用，这样用户可以快速开始工作。

3.1.2 数据库的基本操作

数据库的打开、关闭与保存是数据库最基本的操作。

1. 打开数据库

有多种方法打开数据库：

- 启动 Access 2016 后，单击菜单"文件"中"打开"命令或工具栏的"打开"按钮。
- 启动 Access 2016 后，在窗口左侧显示出最近打开过的数据库名称，单击要打开的数据库名称，即可打开数据库。
- 在磁盘上找到要打开的数据库文件，双击该文件。

Access 2016 提供了打开、以只读方式打开、以独占方式打开和以独占只读方式打开这4 种打开数据库的方式。

- 打开：即以共享模式打开数据库，允许在同一时间有多位用户同时读取与写入数据库。
- 以只读方式打开：只能查看而无法编辑、更新数据库。
- 以独占方式打开：当有一个用户正在读取和写入数据库时，其他用户都无法使用该数据库。
- 以独占只读方式打开：当一个用户以此模式打开某一个数据库后，其他用户只能以只读模式打开此数据库，而并非限制其他用户都不能打开此数据库。

2. 保存数据库

创建数据库，并为数据库添加表等数据库对象后，需要将数据库保存。单击屏幕左上角的"文件"选项卡，在打开的 Backstage 视图中选择"保存"命令，即可保存输入的信息；或者按 Ctrl+S 组合键。

若选择"数据库另存为"命令，则可更改数据库的保存位置、文件名和文件类型。

3. 备份数据库

对数据库进行备份是最常用的安全措施。执行菜单"文件"的"保存并发布"命令，在右侧"数据库另存为"列表中选择相关命令按钮来实现。

4. 关闭数据库

在完成数据库的保存后，当不再需要使用数据库时，就可以关闭数据库，释放内存空间。常用的关闭方法如下。

(1) 单击"文件"选项卡，在打开的 Backstage 视图中选择"关闭数据库"命令。

(2) 退出 Access，关闭数据库。

3.1.3　表的视图

Access 2016 提供了查看数据表的四种视图方式：一是"设计视图"，用于创建和修改表的结构；二是"数据表视图"，用于浏览、编辑和修改表记录；三是"数据透视表视图"，用于按照不同的方式组织和分析数据；四是"数据透视图视图"，用于以图形的形式显示数据。其中，前两种视图是表的最基本也是最常用的视图。

3.1.4　创建表

建立数据表的方式有多种，常用的有以下五种。

- 通过"表"模板，运用 Access 2016 内置的表模板来建立。
- 通过"表设计"建立，在表的"设计视图"中设计表，用户需要设置每个字段的各种属性。
- 和 Excel 表一样，直接在数据表中输入数据。Access 2016 会自动识别存储在该数据表中的数据类型，并据此设置表的字段属性。

- 通过"SharePoint 列表"，在 SharePoint 网站建立一个列表，再在本地建立一个新表，并将其连接到 SharePoint 列表中。
- 通过导入外部数据建立表。

3.1.5 导入数据与链接数据

导入数据：是指从外部获取数据后形成数据库中的数据表对象，并与外部数据源断绝联接。导入的数据一旦操作完毕就与外部数据无关。如同整个数据"拷贝"过来，导入过程较慢，但操作较快。

链接数据：是指在自己的数据库中形成一个链接表对象，每次在 Access 数据库中操作数据时，都是即时从外部数据源获取数据。链接的数据未与外部数据源断绝联接，而将随着外部数据源数据的变动而变动。比较适合在网络上"资源共享"的环境中应用。链接过程快，但以后的操作较慢。

3.1.6 主键的设置

主键是表中的一个字段或字段集，它为 Access 2016 中的每一条记录提供了一个唯一的标识符。其作用如下。

(1) 主键唯一标识每条记录，因此作为主键的字段不允许是重复值和 NULL 值。

(2) 建立与其他表的关系必须定义主键，主键对应关系表的外键，两者必须一致。

(3) 定义主键将自动建立一个索引，可以提高表的查询速度。

(4) 设置的主键可以是单个字段。当不能保证任何单字段都包含唯一的值时，可以将两个或更多的字段设置为主键。

说明：NULL 值即空值，表示值未知。空值不同于空白或零值。没有两个相等的空值。比较两个空值或将空值与任何其他值相比均返回未知，这是因为每个空值均为未知。

3.1.7 数据类型

表由字段组成，字段的信息则由数据类型表示。必须为表的每个字段分配一种字段数据类型。Access 2016 中提供的数据类型有文本、数字、日期/时间、查阅向导、附件和计算等 12 种。

若要进一步了解如何确定表中字段的数据类型，则可单击表设计窗口中的"数据类型"列，然后按 F1 键，打开帮助的 DataType 属性来查看。

3.1.8 字段属性

1. 设置字段大小

设置"字段大小"属性，可以控制字段使用的空间大小，只适用"文本""数字"和"自动编号"类型的字段，其他类型的字段大小都是固定的。

2. 设置格式属性

格式属性重新定义字段数据的显示和打印格式，只影响数据的显示而不影响输入和存储。

- 文本型和备注型的格式。对于文本型和备注型字段，可以使用格式符号创建自定义格式。自定义格式为：<格式符号>；<字符串>。
- 数字和货币型字段的格式。系统提供了数字和货币型字段的预定义格式，共有 7 种格式，系统默认格式是"常规数字"，即以输入的方式显示数字。
- 日期/时间型字段的格式。系统提供了日期/时间型字段的预定义格式，共有 7 种格式，系统默认格式是"常规日期"。
- 是/否型字段的格式。是/否型字段保存的值并不是"是"或"否"。"是"数据用-1存储，"否"数据用 0 存储。如果没有格式设定，则必须输入-1 或 0，存储和显示也是-1 和 0。如果设置了格式，则可以用更直观的形式显示其数据。是/否型字段在不输入数据时一律显示"否"值数据。系统提供了是/否型字段的预定义格式，共有 3 种格式：是/否、真/假、开/关，系统默认格式是"是/否"。

3. 标题

标题属性用来指定在"数据表视图"中该字段名标题按钮上显示的名称。如果不输入任何文字，默认情况下将字段名作为该字段的标题。

4. 默认值

默认值是新纪录在数据表中自动显示的值。为该字段指定一个默认值，当用户增加新的记录时，Access 会自动为该字段赋予这个默认值。默认值只是初始值，可以在输入时改变设置，其作用是减少输入时的重复操作。

5. 设置数据的有效性规则

"有效性规则"用于对字段所接受的值加以限制，它是一个逻辑表达式，用该逻辑表达式对记录数据进行检查。有些有效性规则可能是自动的，如检查数值字段的文本或日期值是否合法。有效性规则也可以是用户自定义的。

"有效性文本"往往是一句有完整语句的提示句子，当数据记录违反该字段"有效性规则"时便弹出提示窗口。其内容可以直接在"有效性文本"文本框内输入，或光标定位于该文本框时按 Shift+F2 组合键，在弹出的"缩放"对话框中输入。

6. 设置输入掩码

输入掩码是用户为输入的数据定义的格式，并限制不允许输入不符合规则的文字和符号。Access 不仅提供预定义输入掩码模板，如邮政编码、身份证号码、密码等，而且允许用户自定义输入掩码，其格式：<输入掩码的格式符号>;<0、1 或空白>;<任何字符>。

它和格式属性的区别是：格式属性定义数据显示的方式，而输入掩码属性定义数据的输入方式，并可对数据输入做更多的控制以确保输入正确的数据。输入掩码属性用于文本、日期/时间、数字和货币型字段。在显示数据时，格式属性优先于输入掩码。

7. 必填字段

如果该属性设为"是"，则对于每一个记录，用户必须在该字段中输入一个值。

8. 允许空字符串

空字符串是指长度为 0 的字符串。如果属性为"是",则该字段可以接受空字符串为有效输入项,该属性针对"文本""超链接"等类型字段。"允许空字符串"属性值是一个逻辑值,默认值为"否"。

9. 设置索引

索引能根据键值加快在表中查找和排序的速度,当表中的数据量越来越大时,就会越来越体现出索引的重要性。使用索引属性可以设置单一字段的索引,也可以设置多个字段的索引。并不是所有的数据类型都可以建立索引,不能在"自动编号"及"备注"数据类型上建立索引。此外,并非表中所有的字段都有建立索引的必要,因为每增加一个索引,就会多出一个内部的索引文件,增加或修改数据内容时,Access 同时也需要更新索引数据,有时反而降低系统的效率。

索引的 3 个选项含义如下。

- 无:该字段不需要建立索引。
- 有(有重复):以该字段建立索引,其属性值可重复出现。
- 有(无重复):以该字段建立索引,其属性值不可重复,设置为主键的字段取得此属性,要删除该字段的这个属性,首先应删除主键。

3.1.9 建立表之间的关系

Access 是关系型数据库系统,设计的目标之一就是消除数据冗余(重复数据)。它将各种记录信息按照不同的主题安排在不同的数据表中,通过在建立了关系的表中设置公共字段,实现各个数据表中数据的引用。

在关系型数据库中,两个表之间的匹配关系可以分为一对一、一对多和多对多三种。一对一这种关系并不常见,因为多数与此方式相关的信息都可以存储在一个表中。多对多关系可通过两个一对多关系实现。

1. 创建表关系

关系表征了事物之间的内在联系。在同一数据库中,不同表之间的关联是通过主表的主键字段和子表的外键字段来确定的,即公共字段,它们的字段名称不一定相同,但如果字段的类型和"字段大小"属性一致,就可以正确地创建实施参照完整性的关系。

2. 查看与编辑表关系

对表关系的一系列操作都可以通过"关系工具"的"设计"选项卡下的"工具"和"关系"组中的功能按钮来实现。

(1) 对表关系进行编辑,主要是在"编辑关系"对话框中进行的。表关系的设置主要包括实施参照完整性、级联选项等方面。

(2) 要删除表关系,必须在"关系"窗口中删除关系线。先选中两个表之间的关系线(关系线显示得较粗),然后按下 Delete 键,即可删除表关系。必须先将这些打开或使用着的表关闭,才能删除关系。

(3) 修改表关系是在"编辑关系"对话框中完成的。选中两个表之间的关系线(关系线显示得较粗)，然后单击"设计"选项卡下的"编辑关系"按钮，或者直接双击连接线，将弹出"编辑关系"对话框，即可在该对话框中进行相应的修改。

3. 实施参照完整性

数据表设置"实施参照完整性"以后，在数据库中编辑数据记录时就会受到以下限制。

* 不可以在"多"端的表中输入主表中没有的记录。
* 当"多"端的表中含有和主表相匹配的数据记录时，不可以从主表中删除这个记录。
* 当"多"端的表中含有和主表相匹配的数据记录时，不可以在主表中更改主表中的主键值。

4. 设置级联选项

在 Access 中，可以通过选中"级联更新相关字段"复选框来避免这一问题。如果实施了参照完整性并选中"级联更新相关字段"复选框，当更新主键时，Access 将自动更新参照主键的所有字段。

数据库操作有时需要删除某一行及其相关字段。因此，Access 也支持设置"级联删除相关记录"复选框。如果实施了参照完整性并选中"级联删除相关记录"复选框，则当删除包含主键的记录时，Access 会自动删除参照该主键的所有记录。

3.1.10 编辑数据表

1. 向表中添加与修改记录

增加新记录有 3 种方法：

(1) 直接将光标定位在表的最后一行。

(2) 单击"记录指示器"上最右侧的"新(空白)记录"按钮。

(3) 在"数据"选项卡的"记录"组中，单击"新记录"按钮。

将光标移动到所要修改的数据位置，就可以修改数据。

2. 选定与删除记录

选定记录的方法有 3 种：

方法 1：拖动鼠标选择记录。

方法 2：用"记录指示器"选择记录。

方法 3：单击"开始"选项卡"查找"组中的"转至"按钮➡️▾。

删除记录的方法有 3 种：

方法 1：右键单击选定记录，在弹出的快捷菜单中选择"删除记录"命令。

方法 2：选定记录，按键盘上的 Delete 键。

方法 3：选定记录，单击"开始"选项卡"记录"组中的"删除"按钮✖️▾。

3. 数据的查找与替换

在 Access 中，用户可以通过以下两种方法打开"查找和替换"对话框。

(1) 单击"开始"选项卡"查找"组中的"查找"按钮。

(2) 按下 Ctrl+F 组合键。

4．数据的排序与筛选

(1) 数据排序。数据排序是最经常用到的操作之一，也是最简单的数据分析方法。可以按照文本、数值或日期值进行数据的排序。对数据库的排序主要有两种方法：一种是利用工具栏的简单排序；另一种是利用窗口的高级排序。

(2) 筛选数据。在 Access 中，可以利用数据的筛选功能，过滤掉数据表中不关心的信息，再返回想看的数据记录，从而提高工作效率。

5．行汇总统计

对数据表中的行进行汇总统计是一项经常性而又有用的数据库操作。汇总行与 Excel 表中的"汇总"行非常相似。可以从下拉列表中选择 COUNT 函数或其他的常用聚合函数(例如 SUM、AVERAGE、MIN 或 MAX)来显示汇总行，聚合函数是对一组值执行计算并返回单一的值。

6．表的复制、删除与重命名

(1) 表的复制。

在导航窗格中单击"表"对象，选中准备复制的数据表，单击鼠标右键，弹出快捷菜单，选择"复制"命令，或在"开始"选项卡中单击"复制"按钮，再或按 Ctrl+C 组合键。在数据窗口空白处，单击鼠标右键，弹出快捷菜单，选择"粘贴"命令，或在"开始"选项卡中单击"粘贴"按钮，再或按 Ctrl+V 组合键。弹出"粘贴表方式"对话框。在"表名称:"文本框中输入表名，在"粘贴选项"中选择粘贴方式。

此外，还可以用 Ctrl+鼠标拖曳的方式复制表，默认同时复制表的结构和记录。

(2) 表的删除。

在导航窗格中单击"表"对象，选中准备删除的数据表，单击鼠标右键，弹出快捷菜单，选择"删除"命令，或在"开始"选项卡中单击"删除"按钮，再或按 Delete 键。

(3) 表的重命名。

在导航窗格中单击"表"对象，选中准备重命名的数据表，单击鼠标右键，弹出快捷菜单，选择"重命名"命令，或按 F2 键，可在原表处直接命名。更名后，Access 会自动更改该表在其他对象中的引用名。

7．设置数据表格式

设置表的行高和列宽；设置字体格式；隐藏和显示字段；冻结和取消冻结。

3.2 思考与练习

3.2.1 选择题

1. 建立 Access 的数据库时要创建一系列的对象，其中最基本的是创建( )。

    A. 数据库的查询   B. 数据库的表

    C. 表之间的关系   D. 数据库的报表

2. 在数据表的设计视图中，数据类型不包括(　　)类型。

    A. 文本   B. 窗口   C. 数字   D. 货币

3. 下列不是 Access 数据库对象的是(　　)。

    A. 报表   B. 模块   C. 查询   D. 菜单

4. 在 Access 数据库对象中，最能体现数据库设计目的的对象是(　　)。

    A. 报表   B. 模块   C. 查询   D. 表

5. “学生”表的“简历”字段需要存储大量的文本，该字段的类型应设置为(　　)。

    A. 备注   B. OLE 对象   C. 数字   D. 查阅向导

6. 如果字段内容为声音文件，则该字段的数据类型应定义为(　　)。

    A. 短文本   B. 长文本   C. 超链接   D. OLE 对象

7. 使用(　　)字段类型创建新的字段，可以使用列表框或组合框从另一个表或值列表中选择一个值。

    A. 超级链接   B. 自动编号   C. 查阅向导   D. OLE 对象

8. 下列不属于 Access 提供的数据筛选方式的是(　　)。

    A. 选择筛选   B. 使用筛选器筛选

    C. 高级筛选   D. 按内容排除筛选

9. 如果一张数据表中含有照片，则保存照片的字段数据类型应是(　　)。

    A. OLE 对象   B. 超级链接   C. 查阅向导   D. 备注

10. 能够使用“输入掩码向导”创建输入掩码的数据类型是(　　)。

    A. 短文本和货币   B. 短文本和日期/时间

    C. 短文本和数字   D. 数字和日期/时间

11. 下列关于字段属性的叙述中，错误的是(　　)。

    A. 字段大小可用于设置文本、数字或自动编号等类型字段的最大容量

    B. 可以对任何类型的字段设置默认值属性

    C. 有效性规则属性是用于限制此字段输入值的表达式

    D. 不同的字段类型，其字段属性有所不同

12. 在 Access 数据库的表设计视图中，不能进行的操作是(　　)。

    A. 修改字段类型   B. 设置索引

    C. 增加字段   D. 添加记录

13. 下列关于 Access 表的叙述中，正确的是(　　)。

    A. 表一般包含一到两个主体信息

    B. 表的数据表视图只用于显示数据

    C. 表设计视图的主要工作是设计和修改表的结构

    D. 在表的数据表视图中，不能修改字段名称

14. Access 数据库中，为了保持表之间的关系，要求在子表中添加记录时，如果主表中没有与之相关的记录，则不能在子表中添加该记录，为此需要定义的关系是(   )。

    A. 输入掩码　　　　B. 有效性规则　　　C. 默认值　　　　　　D. 参照完整性

15. 如果要在一对多关系中，修改一方的原始记录后，另一方立即更改，应设置(   )。

    A. 实施参照完整性　　　　　　　　　B. 级联更新相关记录

    C. 级联删除相关记录　　　　　　　　D. 以上都不是

16. 设置字段默认值的意义是(   )。

    A. 使字段值不为空

    B. 在未输入字段值之前，系统将默认值赋予该字段

    C. 不允许字段值超出某个范围

    D. 保证字段值符合范式要求

17. 在下列选项中，可以控制输入数据的方法、样式及输入内容之间的分隔符的是(   )。

    A. 有效性规则　　　B. 默认值　　　　　C. 输入掩码　　　　　D. 格式

18. "邮政编码"字段是由 6 位数字组成的字符串，为该字段设置输入掩码，则正确的输入数据是(   )。

    A. 000000　　　　　B. 999999　　　　　C. CCCCCC　　　　　D. LLLLLL

19. 若将短文本型字段的输入掩码设置成"####-######"，则正确的输入数据是(   )。

    A. 0755-abcdef　　　B. 077-12345　　　　C. a cd-123456　　　　D. ####-######

20. 下列关于空值的叙述中，错误的是(   )。

    A. 空值表示字段还没有确定值　　　　B. Access 使用 NULL 来表示空值

    C. 空值等同于空字符串　　　　　　　D. 空值不等同于 0

21. 为了限制"成绩"字段只能输入成绩值在 0 到 100 的数(包括 0 和 100)，在该字段"有效性规则"设置中错误的表达式为(   )。

    A. in(0,100)　　　　　　　　　　　　B. between 0 and 100

    C. 成绩>=0 and 成绩<=100　　　　　D. >=0 and <=100

22. 下列关于获取外部数据的说法中，错误的是(   )。

    A. 导入表后，在 Access 中修改、删除记录等操作不影响原来的数据文件

    B. 链接表后，在 Access 中对数据所做的更改都会影响到原数据文件

    C. 在 Access 中可以导入 Excel 表、其他 Access 数据库中的表和 SQL Server 数据库文件

    D. 链接表后形成的表其图标和用 Access 向导生成的表的图标是一样的

23. 下列关于表间关系的叙述中，正确的是(   )。

    A. 在两个表之间建立关系的条件是两个表都要有相同的数据类型和内容的字段

    B. 在两个表之间建立关系的条件是两个表的关键字必须相同

    C. 在两个表之间建立关系的结果是两个表变成一个表

    D. 在两个表之间建立关系的结果是只要访问其中的任一个表就可以得到两个表的信息

24. 在含有"姓名"字段的数据表中，仅显示"刘"姓记录的方法是(　　)。

    A. 冻结　　　　　B. 排序　　　　　C. 隐藏　　　　　D. 筛选

25. 在 Microsoft Access 中文版中，以下排序记录所依据的规则错误的是(　　)。

    A. 中文按拼音字母的顺序排序

    B. 数字由小到大排序

    C. 英文按字母升序排序，小写在前，大写在后

    D. 以升序来排序时，任何含有空字段值的记录将排在列表的第 1 条

26. Access 中，数据表记录筛选的操作结果是(　　)。

    A. 将满足与不满足筛选条件的两类记录分别保存在两个不同数据表中

    B. 将满足筛选条件的记录保存在另一数据表中

    C. 显示满足筛选条件的记录，隐藏不满足筛选条件的记录

    D. 显示满足筛选条件的记录，将不满足筛选条件的记录从数据表中删除

27. 下列关于 Access 数据库的叙述中，正确的是(　　)。

    A. Access 数据库中表是孤立存在的

    B. Access 是一个关系型数据库管理系统

    C. 利用 Access 2016 创建的数据库文件默认扩展名为.accde

    D. 利用 Access 模块可以不编写代码就实现交互功能

28. 下列关于 Access 数据库的叙述中，正确的是(　　)。

    A. 数据库中的数据存储在表和报表中

    B. 数据库中的数据存储在表、查询、窗体、报表、模块中

    C. 数据库中的数据存储在表和宏中

    D. 数据库中的数据全部存储在表中

29. 下列关于表格式的叙述中，错误的是(　　)。

    A. 字段在数据表中默认的显示顺序由定义字段的先后顺序决定

    B. 用户可以同时改变一列或同时改变多列字段的位置

    C. 可以为表中的某个或多个指定的字段设置字体格式

    D. 在数据表中，只允许冻结列，不可以冻结行

30. 下列关于 Access 知识的叙述中，正确的是(　　)。

    A. 可以将表中的数据按升序或降序两种方式进行排列

    B. 单击"升序"或"降序"按钮，可以排序两个不相邻的字段

    C. 单击"取消筛选"按钮，可删除筛选窗口中设置的筛选条件

    D. 将 Access 表导到 Excel 表时，Excel 将自动应用源表中的字体格式

3.2.2 填空题

1. 在表中能够唯一标识表中每条记录的字段或字段组称为_____。

2. 如果某个字段最常输入的值是"M"，则可将其设为_____值。

3. Access 的数据表由_____和_____组成。

4. 记录的排序方式有_____和_____。

5. 如果在设计视图中改变了字段的排列次序，则在数据表视图中列的次序_____随之改变；如果在数据表视图中改变了字段的排列次序，则在设计视图中列的次序_____随之改变。

6. Access 表中有 3 种索引设置，即_____、_____和_____索引。

7. 有两张表都和第三张表建立了一对多的联系，并且第三张表的主键中包含这两张表的主键，则这两张表通过第三张表建立的是_____的关系。

8. 设计视图的字段属性区有两个选项卡：_____和查阅。

9. 在操作数据表时，如果要修改表中多处相同的数据，可以使用_____功能，自动将查找到的数据修改为新数据。

10. 如果需要暂时不可见某些字段列，可以_____。

11. Access 2016 有_____、_____、_____和_____ 4 种数据库文件格式。

12. 排序是根据当前表中_____或_____字段的值来对整个表中所有记录进行重新排列。

3.2.3 简答题

1. 数据表是怎样构成的？字段的数据类型有哪些？
2. 什么是主键？作为主键的字段值有什么要求？
3. 索引有几种类型？
4. 在表属性设置中，字段的"有效性规则"有何作用？
5. 请指出输入掩码 9999\年 99\月 99\日的含义。
6. 两表建立关联关系，至少满足什么条件？如何创建表间关联？
7. 表有几种视图方式？各方式的作用是什么？
8. 导入和链接有什么区别？
9. 在数据表中，什么是"冻结列"？什么是"隐藏列"？两者各有什么作用？
10. 实施参照完整性定义意味什么？级联更新和级联删除意味什么？

3.3 实验案例

实验案例 1

案例名称：多种方式创建数据库

【实验目的】
(1) 掌握数据库创建的方法和步骤。
(2) 进一步了解 Access 的操作。

【实验内容】

(1) 在 D 盘根目录下创建"教务管理"空数据库。

(2) 在 D 盘根目录下利用模板创建一个"罗斯文"数据库。

【实验步骤】

(1) 在 D 盘根目录下创建"教务管理"空数据库的操作步骤：

① 启动 Access 2016 程序，进入 Backstage 视图，然后在左侧导航窗格中单击"新建"命令，接着在中间窗格中单击"空数据库"选项。

② 在右侧窗格中的"文件名"文本框中输入新建文件的名称"教务管理"。改变新建数据库文件的位置，可以在图 3-1 所示界面中单击"文件名"文本框右侧的文件夹图标🗀，弹出"文件新建数据库"对话框，拖动左侧导航窗格的垂直滚动条，单击"本地磁盘(D:)"，即选择文件的存放位置为 D 盘根目录，如图 3-2 所示。

③ 返回图 3-1 所示窗口，单击右侧下方的"创建"图标按钮🗋。这时在 D 盘根目录下新建一个名为"教务管理"的空白数据库。

(2) 在 D 盘根目录下利用模板创建一个"罗斯文"数据库的操作步骤：

① 启动 Access 2016，进入 Backstage 视图，单击"样本模板"选项，选择"罗斯文"选项。

② 在屏幕右下方弹出的"文件名"中显示"罗斯文.accdb"，单击"文件名"文本框右侧的文件夹图标🗀，更改位置存放于 D:\，然后单击"创建"按钮，完成数据库的创建。

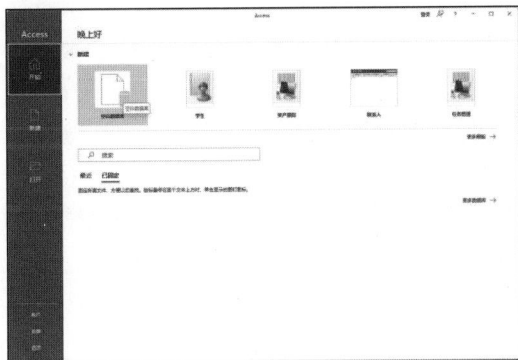

图 3-1　创建空数据库

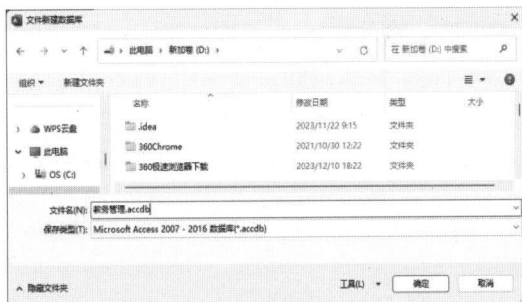

图 3-2　文件新建数据库对话框

【思考】

(1) 比较两种创建数据库的方法，体会它们之间的区别。

(2) 文件保存时要注意：文件名、文件类型和存储位置的设置。

实验案例 2

案例名称：创建数据表

【实验目的】

(1) 掌握创建数据库和表的方法和步骤。

(2) 在创建完成的表中输入记录。

【实验内容】

(1) 打开"教务管理"数据库,使用"表设计器"创建一个名为 Stu 的表,完成数据输入。

(2) 通过获取外部数据创建表。将 Excel 文件"数据源.xlsx"中的 Course、Dept、Emp、Grade 和 Major 工作表导入"教务管理"数据库中。

【实验步骤】

(1) 创建 Stu 表的操作步骤:

① 启动 Access 2016,打开数据库"教务管理"。

② 切换到"创建"选项卡,单击"表格"组中的"表设计"按钮,进入表的设计视图。

③ 如附录 A 中的表 A-1 所示,在"字段名称"栏中输入字段的名称"学号""姓名""性别"等内容;在"数据类型"下拉列表框中选择相应字段的数据类型并完成相应"字段属性"的设置,其中"是否团员"字段"格式"的字段属性设置为"真/假","出生日期"字段"格式"的字段属性设置为"短日期"。

④ 选中"学号"行选择器,在"表格工具"的"设计"选项卡中,单击"工具"组的"主键"按钮,或者在选定行内单击鼠标右键,在弹出的快捷菜单中选择"主键"命令,为数据表定义主键。

⑤ 单击"保存"按钮,弹出"另存为"对话框,然后在"表名称"文本框中输入 Stu,再单击"确定"按钮。

⑥ 单击窗体右下角的"数据表视图"按钮 ⊞,切换到"数据表视图",完成的数据表如附录 A 中的图 A-1 所示。提示:使光标定位在此记录的"照片"字段单元格中,单击鼠标右键,从弹出的快捷菜单中选择"插入对象",在对话框中选择"由文件创建"选项,如图 3-3 所示,单击"浏览"按钮后,打开"浏览"对话框窗口,在选定的目录中选择需要的照片,单击"确定"按钮,如图 3-4 所示。返回图 3-3 所示页面,单击"确定"按钮完成。

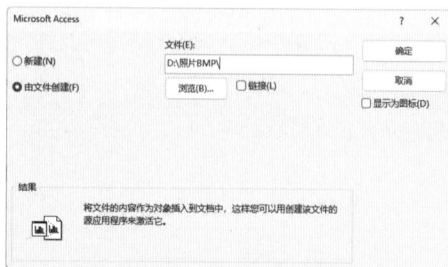

图 3-3 选择"由文件创建"图片

图 3-4 "浏览"窗口

(2) 获取外部数据创建表的操作步骤：

① 打开"教务管理"数据库，切换到"外部数据"选项卡，单击"导入并链接"组中的 Excel 按钮。如图 3-5 所示。

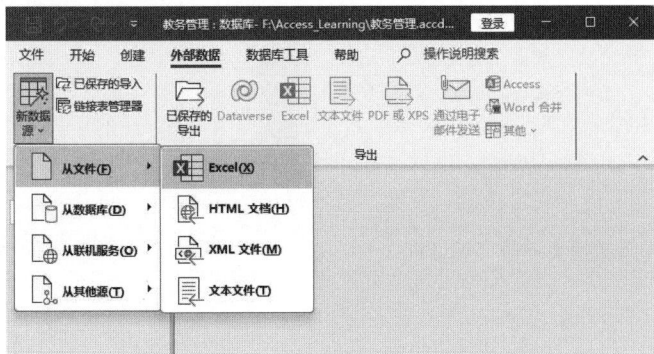

图 3-5　"导入并链接"的菜单

② 打开如图 3-6 所示对话框，单击"浏览"按钮，在弹出的"打开"对话框内选择需导入的 Excel 文件"数据源.xlsx"。

③ 在打开的"导入数据表向导"对话框 1 中，选中 Grade 工作表，单击"下一步"按钮，如图 3-7 所示。

④ 在打开的"导入数据表向导"对话框 2 中，选中"第一行包含列标题"复选框，然后单击"下一步"按钮，如图 3-8 所示。

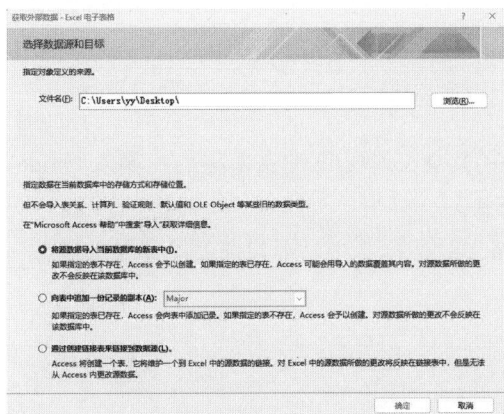

图 3-6　"获取外部数据-Excel 电子表格"对话框 1

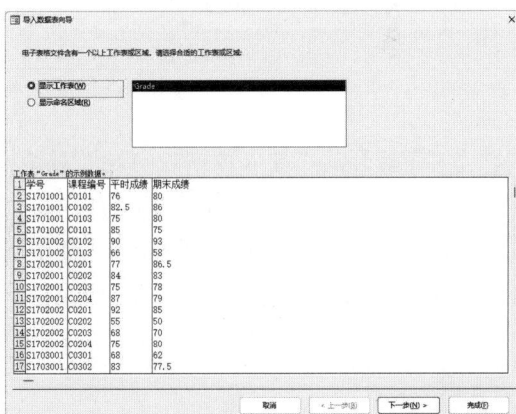

图 3-7　"导入数据表向导"对话框 1

⑤ 在打开的"导入数据表向导"对话框 3 中，选中相应的字段列，按照附录 A 中表 A-6 所示，可设置其字段选项值，然后单击"下一步"按钮，如图 3-9 所示。

⑥ 在打开的"导入数据表向导"对话框 4 中，选中"不要主键"单选项，然后单击"下一步"按钮，如图 3-10 所示。

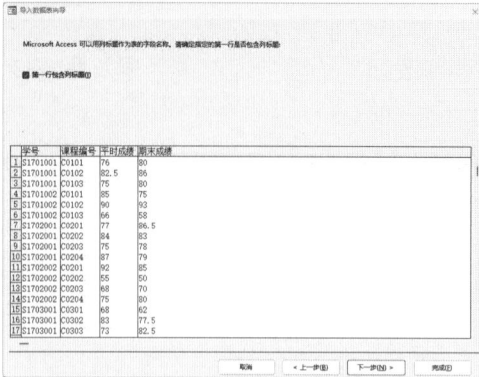

图 3-8 "导入数据表向导"对话框 2

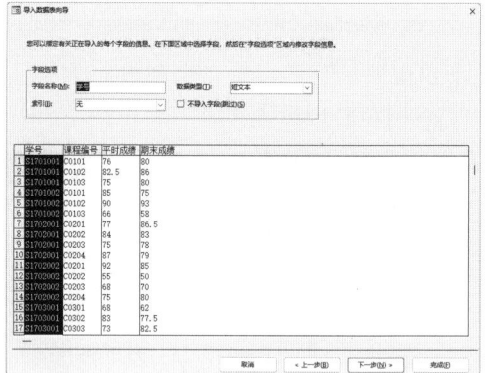

图 3-9 "导入数据表向导"对话框 3

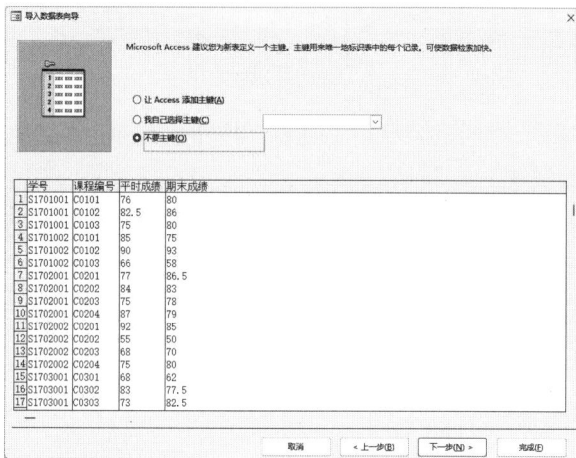

图 3-10 "导入数据表向导"对话框 4

⑦ 在打开的"导入数据表向导"对话框 5 中"导入到表:"的文本框内，输入 Grade，然后单击"完成"按钮，如图 3-11 所示。

⑧ 在打开的"获取外部数据-Excel 电子表格"对话框 2 中，不勾选"保存导入步骤"，直接单击"关闭"按钮，如图 3-12 所示。

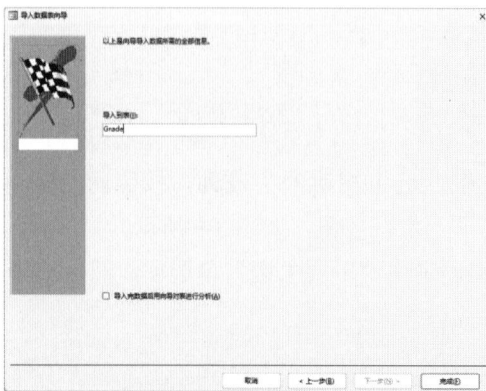

图 3-11 "导入数据表向导"对话框 5

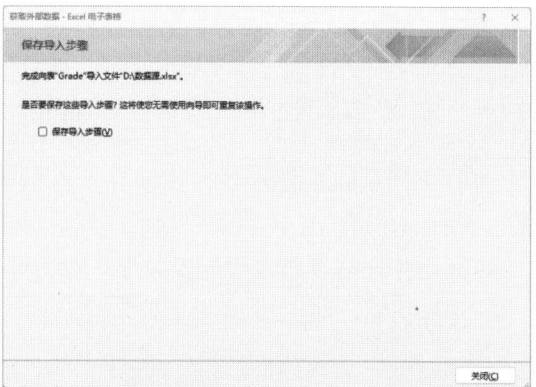

图 3-12 "获取外部数据-Excel 电子表格"对话框 2

⑨ 依据步骤①～⑧，完成 Dept、Emp、Grade 和 Major 表的导入。

【思考】

(1) 创建数据库表的方法还有哪些？体会它们之间的区别。

(2) "照片"字段中是否可以插入任何网络图片或手机照片？

(3) 何时使用导入，何时使用链接？

实验案例 3

案例名称：数据表的主键与字段属性设置

【实验目的】

(1) 掌握创建数据库表主键的方法和步骤。

(2) 掌握表的修改方法，熟悉表中各个属性的设置。

【实验内容】

(1) 打开"教务管理"数据库，依照附录 A 中表 A-1 至表 A-6，设置各表的表结构和主键。

(2) 将 Stu 表中的"生源地"字段的"默认值"属性设置为"福建"。

(3) 将 Stu 表中的"出生日期"字段的"有效性规则"属性设置为 1990 至 2020 年的日期。

(4) 将 Stu 表中的"出生日期"字段的"有效性文本"属性设置为："输入的日期应在 1990 至 2020 年，请重新输入"。

(5) 设置 Stu 表中的"姓名"字段为"有重复索引"。

(6) 为 Stu 表中的"学号"字段设置掩码格式，规定"学号"共 8 位，其中第 1 位是英文字母字符，后面 7 位是数字。

(7) 在 Stu 表的"出生日期"和"生源地"字段间添加一个名为"身份证"的新字段。

(8) 设置 Stu 表中的"身份证"字段掩码格式为 15 或 18 位的数字号码。

(9) 删除 Stu 表中的"身份证"字段。

【实验步骤】

(1) 以创建 Grade 表主键为例，操作步骤如下。

① 右键单击 Grade 表，在弹出的快捷菜单中选择"设计视图"命令。

② 在"设计视图"中选择要作为主键的一个字段，或者多个字段。若选择一个字段，则单击该字段的行选择器。若选择多个字段，则按住 Shift 键(连续选择)或 Ctrl 键(不连续选择)，然后选择每个字段的行选择器。本例中选择"学号"和"课程编号"两个字段的行选择器。

③ 在"表格工具"的"设计"选项卡中，单击"工具"组的"主键"按钮，或者在选定行内单击鼠标右键，在弹出的快捷菜单中选择"主键"命令，为数据表定义主键。

根据附录 A 中表 A-1 至表 A-6，在表的"设计视图"中，设置每张表的"主键"及公共字段的"字段大小"属性。

说明：(2)～(9)小题操作都在 Stu 表的"设计视图"中进行设置。双击打开"教务管理"数据库，右键单击 Stu 表，在弹出的快捷菜单中选择"设计视图"命令。

(2) 选择 Stu 表中的"生源地"字段，在"字段属性"区的"默认值"文本框中输入：

福建。

(3) 选择 Stu 表中的"出生日期"字段，在"字段属性"区的"有效性规则"文本框中输入：>=#1990/1/1# and <=#2020/12/31#。

(4) 选择 Stu 表中的"出生日期"字段，在"字段属性"区的"有效性文本"文本框中输入：输入的日期应在 1990 至 2020 年之间，请重新输入。

(5) 选择 Stu 表中的"姓名"字段，单击"字段属性"区的"索引"文本框，在右侧单击黑色箭头的选择按钮，选择"有(有重复)"。

(6) 选择 Stu 表中的"学号"字段，在"字段属性"区的"输入掩码"文本框中输入 L0000000。

(7) 右键单击 Stu 表的"生源地"字段，在弹出快捷菜单中单击"插入行"命令，如图 3-13 所示。在生成空白行的"字段名称"中输入"身份证"，"数据类型"中选择"文本"。

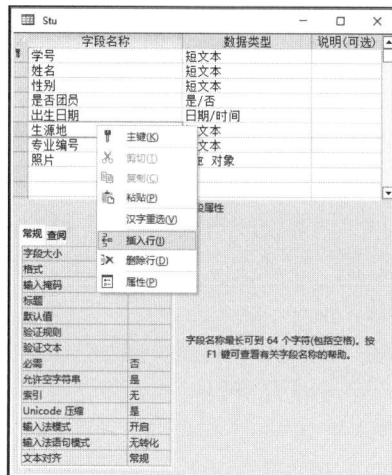

图 3-13　行操作的快捷菜单

(8) 选择 Stu 表中的"身份证"字段，单击"字段属性"区中的"输入掩码"文本框右方的省略号按钮，弹出"输入掩码向导"对话框 1，如图 3-14 所示。选择"身份证号码 (15 位或 18 位)"输入掩码，单击"下一步"按钮。弹出"输入掩码向导"对话框 2，如图 3-15 所示。单击"完成"按钮。

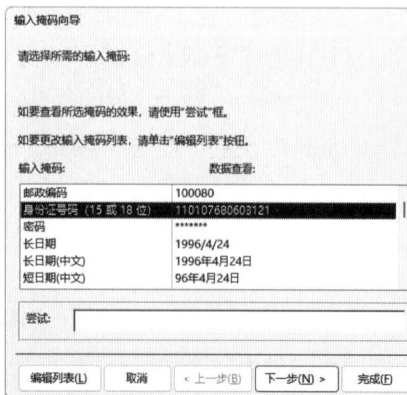

图 3-14　"输入掩码向导"对话框 1

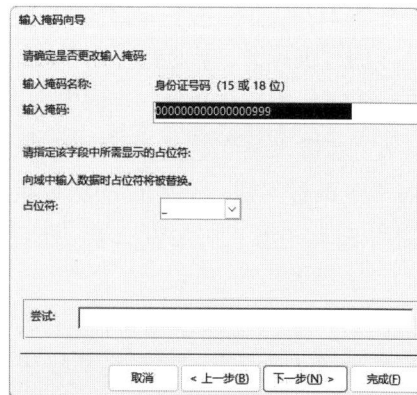

图 3-15　"输入掩码向导"对话框 2

或者直接在"字段属性"区的"输入掩码"文本框中输入 00000000000000999;;_。

(9) 右键单击 Stu 表的"身份证"字段，弹出快捷菜单，如图 3-13 所示，单击"删除行"命令。

【思考】

(1) 比较一下系统自动添加主键与用户自己设置主键的区别。主键必须由一个字段构成吗？

(2) 若 Stu 表中的"出生日期"字段的默认值为系统当前日期，如何设置？

(3) 如何交换表结构中两个字段的位置？

(4) Stu 表中的"学号"字段的定义掩码格式，若首字符一定是"S"，如何设置呢？哪些可以用"输入掩码向导"设置？

实验案例 4

案例名称：建立表之间的关系

【实验目的】

(1) 理解建立表之间关系的重要性。

(2) 掌握表之间关系的建立方法，实施参照完整性。

(3) 显示父子表的相关记录。

【实验内容】

(1) 打开"教务管理"数据库，建立 6 张表之间的关系，并实施参照完整性。结果如图 3-16 所示。

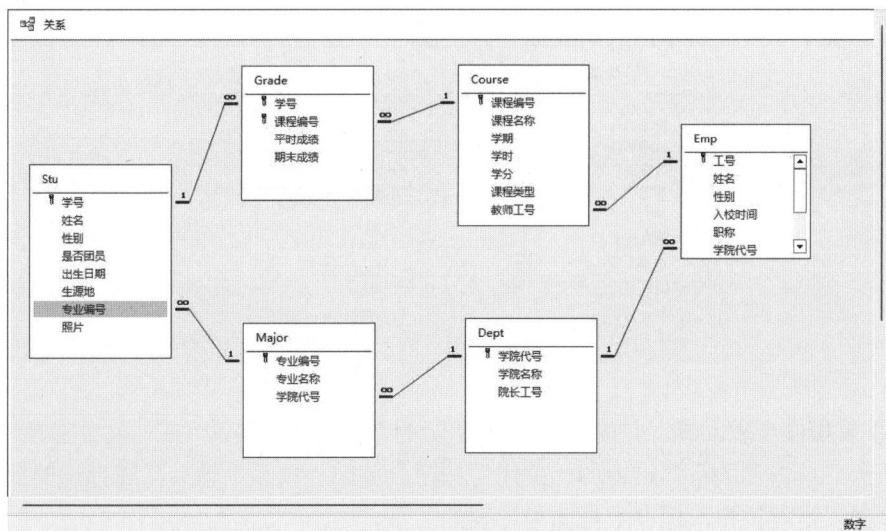

图 3-16　"关系"对话框

(2) 在"关系"窗口中，设置 Emp 表和 Course 表的级联选项。当在 Emp 表中删除一条记录时，试给出系统提示及操作结果。

【实验步骤】

(1) 建立表之间关系的操作步骤：

① 双击打开"教务管理"数据库，单击"数据库工具"选项卡或者"表格工具"的"设计"选项卡下的"关系"按钮，进入"关系"窗口。

② 单击"设计"选项卡下的"显示表"按钮，或者在"关系"视图内单击鼠标右键，在弹出的快捷菜单中选择"显示表"命令，弹出"显示表"对话框，显示数据库中所有表的列表。

③ 选择 Course、Dept、Emp、Grade、Major 和 Stu 六张表，单击"添加"按钮。

④ 用鼠标拖动 Emp 表的"工号"字段到 Course 表的"教师工号"字段处，松开鼠标后，弹出"编辑关系"对话框，在该对话框的下方显示两个表的"关系类型"为"一对多"，如图 3-17 所示。

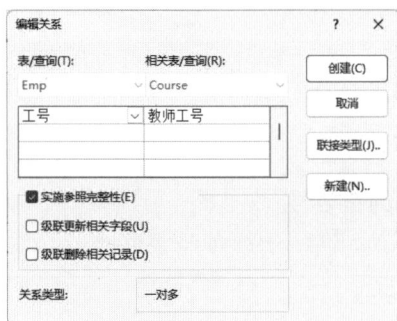

图 3-17　编辑关系对话框

⑤ 如果要在两张表间建立参照完整性，在图 3-17 所示界面选中"实施参照完整性"复选框，再单击"创建"按钮，返回"关系"窗口，可以看到，在"关系"窗口中两个表字段之间出现了一条关系连接线，如图 3-18 所示。

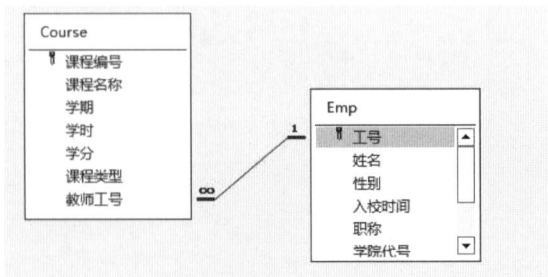

图 3-18　"一对多"关系

⑥ 重复操作步骤④⑤，完成如图 3-16 所示的"一对多"关系，在"关系工具"的"设计"选项卡，单击"关系"组中的"关闭"按钮，关闭"关系"窗口。在弹出的提示对话框中，单击"是"按钮，保存数据库中各表的关系。

(2) 设置两表的级联选项的操作步骤：

① 在"关系"窗口中，先选中 Emp 表和 Course 表两个表之间的关系线(关系线显示变为较粗)，单击鼠标右键，在弹出快捷菜单中选择"编辑关系"命令，即可弹出"编辑关系"对话框，如图 3-17 所示。选中"实施参照完整性""级联更新相关字段"和"级联删

除相关记录"复选框。

② 在左侧导航窗格中双击 Course 表，打开"数据表视图"，选中任意一条记录，单击鼠标右键，在弹出菜单中单击"删除记录"命令。系统弹出提示信息如图 3-19 所示。

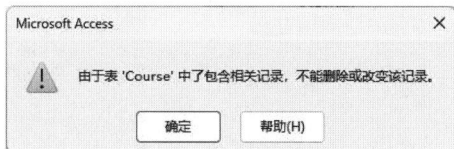

图 3-19　系统提示信息框

【思考】

(1) 创建关系前，必须要设置主键吗？

(2) 两表中相关联的字段名称和字段属性必须一致吗？若不一致会有何变化？

(3) 设置级联选项的作用和意义分别是什么？

实验案例 5

案例名称：改变字体

【实验目的】

掌握改变数据表字体的基本编辑操作。

【实验内容】

将 stu 表中文字字体改为"楷体"、字号改为"10"、字形改为"斜体"，颜色改为"深蓝"。

【实验步骤】

(1) 用"数据表视图"打开 stu 表，如图 3-20 所示。

(2) 在"开始"选项卡的"文本格式"组中，单击"字体"按钮右侧下拉箭头，在弹出的下拉列表中选择"楷体"，如图 3-21 所示。

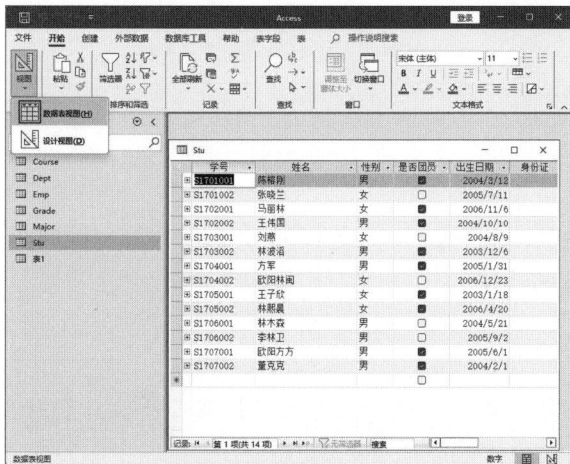

图 3-20　打开 stu 表

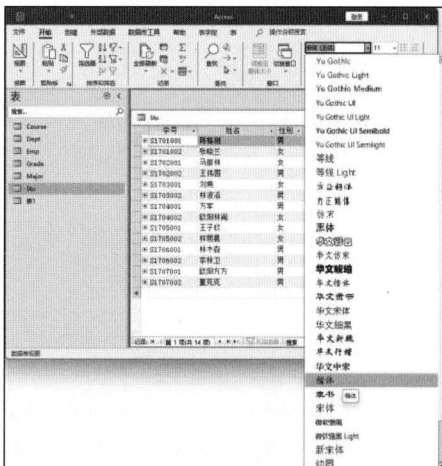

图 3-21　在下拉列表中选择楷体

(3) 单击"字号"按钮右侧下拉箭头,在弹出的下拉列表中选择 10,单击"倾斜"按钮;单击"字体颜色"右侧下拉箭头,从弹出的下拉列表中选择"标准色"组中的"深蓝"颜色。结果如图 3-22 所示。

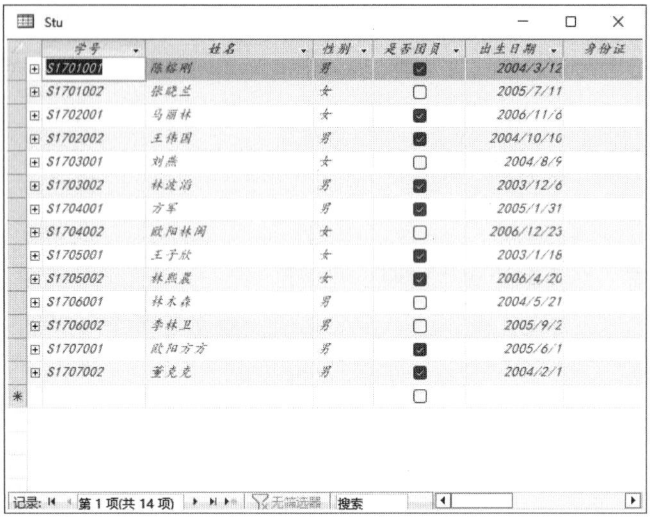

图 3-22 改变字体颜色

【思考】

(1) 调整数据表外观的作用是什么?

(2) 还可以修改哪些属性让表看上去更加美观?

第 4 章

查　询

4.1　知识要点

4.1.1　查询的功能

查询主要有以下几方面的功能。

(1) 选择字段。

(2) 选择记录。

(3) 完成编辑记录功能。

(4) 完成计算功能。

(5) 通过查询建立新表。

(6) 通过查询为窗体或报表提供数据。

4.1.2　查询的类型

根据对数据源的操作方式和查询结果，Access 查询分为 5 种类型，分别是选择查询、参数查询、交叉表查询、操作查询和 SQL 查询。

1. 选择查询

选择查询是最常见的查询类型，主要用于浏览、检索和统计数据库中的数据。它根据指定的条件，可以从一个或多个数据源中提取数据并显示结果，还可以使用选择查询对记录进行分组，并对记录进行总计、计数、平均及相关计算。

利用选择查询可以方便地查看一个或多个表中的部分数据。查询的结果是一个数据记录的动态集，可以对动态集中的数据记录进行修改、删除，也可以增加新记录，对动态集所做的修改会自动写入与动态集相关联的表中。

2. 参数查询

参数查询是一种交互式的查询，通过人机交互输入的参数，查找相应的数据。在执行参数查询时，会弹出对话框，提示用户输入相关的参数信息，然后按照这些参数信息进行查询。例如，可以设计一个参数查询，在对话框中提示用户输入日期，然后检索该日期的所有记录。

3. 交叉表查询

交叉表查询利用行列交叉的方式，对数据源的数据进行计算和重构，即对字段进行分类汇总，汇总结果显示在行与列交叉的单元格中，这些汇总包括指定字段的和值、平均值、最大值、最小值等。交叉表查询将这些数据分组，一组列在数据表的左侧，一组列在数据表的上部。

4. 操作查询

操作查询是在操作中更改记录的查询，操作查询又可分为 4 种类型：删除查询、追加查询、更新查询和生成表查询。

(1) 删除查询：可以从一个或多个表中删除一组记录。

(2) 追加查询：可将一组记录添加到一个或多个表的尾部。

(3) 更新查询：可根据指定条件对一个或多个表中的记录进行更改。

(4) 生成表查询：利用一个或多个表中的全部或部分数据创建新表。

5. SQL 查询

SQL(Structured Query Language，结构化查询语言)是标准的关系型数据库语言。SQL 查询是指用户使用 SQL 语句创建的查询。

4.1.3 查询视图

查询共有 3 种视图，分别是数据表视图、SQL 视图和设计视图。

1. 数据表视图

数据表视图是查询的数据浏览器，用于浏览查询的结果。数据表视图可被看成虚拟表，它并不代表任何的物理数据，只是用来查看数据的视窗而已。

2. SQL 视图

SQL 是一种用于数据库的结构化查询语言，许多数据库管理系统都支持该语言。SQL 查询是指用户通过使用 SQL 语句创建的查询。SQL 视图是用于查看和编辑 SQL 语句的窗口。

3. 设计视图

设计视图就是查询设计器,通过该视图,用户可以创建各种类型的查询。

4.1.4 使用向导创建查询

Access 提供了 4 种向导方式创建简单的选择查询,分别是"简单查询向导""交叉表查询向导""查找重复项查询向导"和"查找不匹配项查询向导",以帮助用户从一个或多个表中查询出有关信息。

4.1.5 条件表达式

查询条件表达式是运算符、常量、字段值、函数、字段名和属性等的任意组合,能够计算出一个结果。表 4-1、表 4-2、表 4-3、表 4-4 分别为条件表达式中算术运算符、关系运算符、逻辑运算符和通配符的相关介绍。

表 4-1 算术运算符

运算符	功能	表达式举例	说明
^	一个数的乘方	3^2	3 的 2 次方,结果为 9
*	两个数相乘	3*2	3 和 2 相乘,结果为 6
/	两个数相除	5/2	5 除以 2,结果为 2.5
\	两个数整除(不四舍五入)	5\2	5 除以 2,取整数 2
Mod	两个数取余	5 Mod 2	5 除以 2,余数为 1
+	两个数相加	3+2	3 和 2 相加,结果为 5
−	两个数相减	3−2	3 减去 2,结果为 1

表 4-2 关系运算符

运算符	功能	表达式举例	说明
<	小于	期末成绩<100	期末成绩小于 100
<=	小于或等于	期末成绩<=100	期末成绩小于或等于 100
>	大于	出生日期>#2004-01-01#	出生日期在 2004 年 1 月 1 日之后(不包括 2004 年 1 月 1 日)
>=	大于或等于	期末成绩>=60	期末成绩大于或等于 60
=	等于	姓名="刘莉雅"	姓名等于"刘莉雅"
<>	不等于	姓名<>"刘莉雅"	姓名不等于"刘莉雅"
Between And	介于两值间	期末成绩 Between 60 And 70	期末成绩介于 60 与 70 之间,包含 60 和 70
In	在一组值中	生源地 In("福建","江西","湖南")	生源地是"福建""江西""湖南"三个中的一个
Is Null	字段为空	性别 Is Null	性别字段为空
Like	匹配模式	姓名 Like "陈*" 姓名 Like "陈?"	姓陈的所有人 姓陈的且姓名就两个字的所有人

表 4-3　逻辑运算符

运算符	功能	表达式举例	说明
Not	逻辑非	Not Like "陈*"	不是以"陈"开头的字符串
And	逻辑与	期末成绩>=60 And 期末成绩<=70	期末成绩介于 60 与 70 之间，包含 60 和 70
Or	逻辑或	期末成绩<60 Or 期末成绩>=90	期末成绩小于 60 或期末成绩大于等于 90
Eqv	逻辑相等	A Eqv B 1<2 Eqv 2>1	A 与 B 同值，结果为真，否则为假 1<2 Eqv 2>1 结果为假
Xor	逻辑异或	A Xor B 1<2 Xor 2>1	A 与 B 同值，结果为假，否则为真 1<2 Xor 2>1 结果为真

表 4-4　通配符

通配符	功能	表达式举例	说明
*	表示任意多个字符或汉字	姓名 Like "陈*"	姓名由任意多个字符组成，首字符为"陈"
?	表示任意一个字符或汉字	姓名 Like "陈?"	姓名由两个字符组成，首字符为"陈"

4.1.6　汇总计算

汇总计算使用系统提供的汇总函数对查询中的记录组或全部记录进行分类汇总计算，其名称与功能如表 4-5 所示。

表 4-5　汇总计算

名称	功能
分组(Group By)	对记录按字段值分组
合计	计算指定字段值的和
平均值	计算指定字段值的平均值
最大值	计算指定字段最大值
最小值	计算指定字段最小值
计数	计算一组记录中记录的个数
标准差(StDev)	计算一组记录中某字段值的标准偏差
变量	计算一组记录中某字段值的标差方差
第一条记录(First)	返回一组记录中某字段的第一个值
最后一条记录(Last)	返回一组记录中某字段的最后一个值
表达式(Expression)	创建一个由表达式产生的计算字段
条件(Where)	指定分组条件以便选择记录

4.1.7　SQL 查询

SQL(Structured Query Language，结构化查询语言)是关系型数据库系统的标准语言。目前大多数的关系数据库管理系统，如 SQL Server、MySQL、Microsoft Access、Oracle 等都使用 SQL 语言。SQL 语言的功能包括数据定义、数据查询、数据操纵和数据控制 4 个部分。SQL 的主要特点如下：

- SQL 类似于英语自然语言，简单易学。
- SQL 是一种非过程语言。
- SQL 是一种面向集合的语言。
- SQL 既可独立使用，又可嵌入到宿主语言中使用。
- SQL 具有查询、操纵、定义和控制一体化功能。

4.2 思考与练习

4.2.1 选择题

1. 运行时根据输入的查询条件，从一个或多个表中获取数据并显示结果的查询称为（　　）。

    A. 交叉表查询　　　　　　　　　　　B. 参数查询

    C. 选择查询　　　　　　　　　　　　D. 操作查询

2. 下列关于Access查询条件的叙述中，错误的是（　　）。

    A. 同行之间为逻辑"与"关系，不同行之间为逻辑"或"关系

    B. 日期/时间类型数据在两端加上#

    C. 数字类型数据须在两端加上双引号

    D. 文本类型数据须在两端加上双引号

3. 在Access中，与like一起使用时，代表任一数字的是（　　）。

    A. *　　　　　　　　　B. ?　　　　　　　　　C. #　　　　　　　　　D. $

4. 条件"not 工资额>2000"的含义是（　　）。

    A. 工资额等于 2000　　　　　　　　　B. 工资额大于 2000

    C. 工资额小于等于 2000　　　　　　　D. 工资额小于 2000

5. 条件"性别="女" Or 工资额>2000"的含义是（　　）。

    A. 性别为女并且工资额大于 2000 的记录

    B. 性别为女或者工资额大于 2000 的记录

    C. 性别为女并非工资额大于 2000 的记录

    D. 性别为女或工资额大于 2000，且二者择一的记录

6. 若姓名是文本型字段，要查找名字中含有"雪"的记录，应该使用的条件表达式是（　　）。

    A. 姓名 like"*雪*"　　　　　　　　　　B. 姓名 like" \ [!雪 \ ]"

    C. 姓名="*雪*"　　　　　　　　　　　D. 姓名="雪*"

7. Access中，可与Like一起使用，代表0个或者多个字符的通配符是（　　）。

    A. *　　　　　　　　　B. ?　　　　　　　　　C. #　　　　　　　　　D. $

8. 查询成绩为70与80分之间(不包括80分)的学生信息，正确的条件设置是(　　)。

    A. >69 Or <80 　　　　　　　　　　B. Between 70 And 80

    C. >=70 And <80 　　　　　　　　　D. In(70, 79)

9. 有关系模型Students(学号，姓名，性别，出生年月)，要统计学生的人数和平均年龄，应使用的语句是(　　)。

    A. SELECT COUNT( )As 人数，AVG(YEAR(出生年月))AS 平均年龄 FROM Students;

    B. SELECT COUNT(})As 人数，AVG(YEAR(出生年月))AS 平均年龄 FROM Students;

    C. SELECT COUNT(*)As 人数，AVG(YEAR(DATE( ))-YEAR(出生年月))AS 平均年龄 FROM Students;

    D. SELECT COUNT( )AS 人数，AVG(YEAR(DATE( ))-YEAR(出生年月))AS 平均年龄 FROM Students;

10. 在报表的组页脚区域中要实现计数统计，可以在文本框中使用函数(　　)。

    A. MAX　　　　　　B. SUM　　　　　　C. AVG　　　　　　D. COUNT

11. 若在数据库中已有同名的表，要通过查询覆盖原来的表，应使用的查询类型是(　　)。

    A. 删除　　　　　　B. 追加　　　　　　C. 生成表　　　　　D. 更新

12. 在SQL查询中，GROUP BY的含义是(　　)。

    A. 选择行条件　　　　　　　　　　B. 对查询进行排序

    C. 选择列字段　　　　　　　　　　D. 对查询进行分组

13. 下列关于SQL语句的说法中，错误的是(　　)。

    A. INSERT 语句可以向数据表中追加新的数据记录

    B. UPDATE 语句用来修改数据表中已经存在的数据记录

    C. DELETE 语句用来删除数据表中的记录

    D. CREATE 语句用来建立表结构并追加新的记录

14. 查询"书名"字段中包含"等级考试"字样的记录，应该使用的条件是(　　)。

    A. Like "等级考试"　　　　　　　　B. Like "*等级考试"

    C. Like "等级考试*"　　　　　　　　D. Like "*等级考试*"

15. 根据指定的查询条件，从一个或多个表中获取数据并显示结果的查询称为(　　)。

    A. 交叉表查询　　B. 参数查询　　C. 选择查询　　　　D. 操作查询

16. 参数查询时，在一般查询条件中写上(　　)，并在其中输入提示信息。

    A. ( )　　　　　　B. <>　　　　　　C. {}　　　　　　D. []

17. "学生表"中有"学号""姓名""性别"和"入学成绩"等字段。执行如下SQL命令：Select avg(入学成绩. From 学生表 Group by 性别)，结果是(　　)。

    A. 计算并显示所有学生的平均入学成绩

    B. 计算并显示所有学生的性别和平均入学成绩

    C. 按性别顺序计算并显示所有学生的平均入学成绩

    D. 按性别分组计算并显示不同性别学生的平均入学成绩

18. 在SQL语言的SELECT语句中，用于实现选择运算的子句是(　　)。

    A. FOR   B. IF   C. WHILE   D. WHERE

19. 在Access数据库中使用向导创建查询，其数据可以来自(　　)。

    A. 多个表   B. 一个表   C. 一个表的一部分   D. 表或查询

20. 在成绩中要查找"成绩≥80"且"成绩≤90"的学生，正确的条件表达式是(　　)。

    A. 成绩 Between 80 And 90   B. 成绩 Between 80 To 90

    C. 成绩 Between 79 And 91   D. 成绩 Between 79 To 91

21. 在"学生"表中查找"学号"是S00001或S00002的记录，应在查询设计视图的"条件"行中输入(　　)。

    A. "S00001" And "S00002"   B. Not("S00001" And "S00002")

    C. In("S00001" , "S00002")   D. Not In("S00001" , "S00002")

22. 下列关于操作查询的叙述中，错误的是(　　)。

    A. 在更新查询中可以使用计算功能

    B. 删除查询可删除符合条件的记录

    C. 生成表查询生成的新表是原表的子集

    D. 追加查询要求两个表的结构必须一致

23. 下列关于 SQL 命令的叙述中，正确的是(　　)。

    A. DELETE 命令不能与 GROUP BY 关键字一起使用

    B. SELECT 命令不能与 GROUP BY 关键字一起使用

    C. INSERT 命令与 GROUP BY 关键字一起使用，可以按分组将新记录插入到表中

    D. UPDATE 命令与 GROUP BY 关键字一起使用，可以按分组更新表中原有的记录

24. 统计学生成绩最高分，在创建总计查询时，分组字段的总计项应选择(　　)。

    A. 总计   B. 计数   C. 平均值   D. 最大值

25. 在学生成绩表中，若要查询姓"张"的女同学的信息，正确的条件设置为(　　)。

    A. 在"条件"单元格输入：姓名="张" AND 性别="女"

    B. 在"性别"对应的"条件"单元格中输入："女"

    C. 在"性别"的条件行输入："女"，在"姓名"的条件行输入：LIKE "张*"

    D. 在"条件"单元格输入：性别= "女" AND 姓名= "张*"

26. 若"学生"表中有"学号""姓名""出生日期"等字段，要查询年龄在22岁以上的学生记录的SQL语句是(　　)。

    A. SELECT * FROM 学生 WHERE ((DATE( )-[出生日期])/365>22;

    B. SELECT * FROM 学生 WHERE((DATE( )-[出生日期])/365>22;

    C. SELECT * FROM 学生 WHERE((YEAR( )-[出生日期])>=22;

    D. SELECT * FROM 学生 WHERE [出生日期]>#1992-01-01#;

27. 若在查询条件中使用了通配符"!"，它的含义是(　　)。

    A. 通配任意长度的字符   B. 通配不在方括号内的任意字符

    C. 通配方括号内列出的任一单个字符   D. 错误的使用方法

28. SQL的数据操纵语句不包括(　　)。

    A. INSERT　　　　　B. UPDATE　　　　　C. DELETE　　　　　D. CHANGE

29. SELECT命令中用于排序的关键词是(　　)。

    A. GROUP BY　　　B. ORDER BY　　　C. HAVING　　　D. SELECT

30. (　　)不是SELECT命令中的计算函数。

    A. SUM　　　　　B. COUNT　　　　　C. MAX　　　　　D. AVERAGE

4.2.2　填空题

1. 在 Access 中，_____查询的运行一定会导致数据表中的数据发生变化。

2. Access 支持的查询类型有_____、_____、_____、_____和_____5 种。

3. 在交叉表查询中，只能有一个_____和值，但可以有一个或多个_____。

4. 在成绩表中，查找成绩在 75 与 85 之间的记录时，条件为_____。

5. 在创建查询时，有些实际需要的内容在数据源的字段中并不存在，但可以通过在查询中增加_____来完成。

6. 如果要在某数据表中查找某文本型字段的内容以 S 开头，以 L 结尾的所有记录，则应该使用的查询条件是_____。

7. 交叉表查询将来源于表中的_____进行分组，一组列在数据表的左侧，一组列在数据表的上部。

8. 若要将 1990 年以前参加工作的教师职称全部改为副教授，适合使用_____查询。

9. 利用对话框提示用户输入参数的查询过程称为_____。

10. 查询建好后，要通过_____来获得查询结果。

11. SQL 语言的功能包括_____、_____、_____和_____4 个部分。

12. SELECT 语句中的 SELECT * 说明_____。

13. SELECT 语句中的 FROM 说明_____。

14. SELECT 语句中的 WHERE 说明_____。

15. SELECT 语句中的 GROUP BY 短语用于进行_____。

16. SELECT 语句中的 ORDER BY 短语用于对查询的结果进行_____。

17. SELECT 语句中用于计数的函数是_____，用于求和的函数是_____，用于求平均值的函数是_____。

18. UPDATE 语句中没有 WHERE 子句，则更新_____记录。

19. INSERT 语句的 VALUES 子句指定_____。

20. DELETE 语句中不指定 WHERE，则_____。

4.2.3　简答题

1. 什么是查询？查询有哪些类型？

2. 什么是选择查询？什么是操作查询？

3. 选择查询和操作查询有何区别？

4. 查询有哪些常用的视图方式？各有何特点？

5. 操作查询分哪几类？简述它们的功能。

6. 在设计查询时，什么情况下需要分组？分组的作用是什么？

7. 所有的合计函数能对数据源中的多个字段进行计算吗？

4.3 实验案例

实验案例 1

案例名称：利用"简单查询向导"创建单表选择查询

【实验目的】

掌握使用"简单查询向导"创建单表选择查询的步骤和方法。

【实验内容】

以 Emp 表为数据源，查询课程信息，所建查询命名为"课程信息查询"。

【实验步骤】

(1) 打开"教务管理.accdb"数据库，单击"创建"选项卡，在"查询"组单击"查询向导"，弹出"新建查询"对话框。如图 4-1 所示。

(2) 在"新建查询"对话框中选择"简单查询向导"，单击"确定"按钮，在弹出的对话框的"表/查询"下拉列表框中选择 Course 表为数据源，再分别双击"可用字段"列表中的"课程编号""课程名称"和"课程类型"字段，将它们添加到"选定字段"列表框中，如图 4-2 所示。然后单击"下一步"按钮，为查询指定标题为"实验案例 4-1"，最后单击"完成"按钮。

图 4-1　创建查询

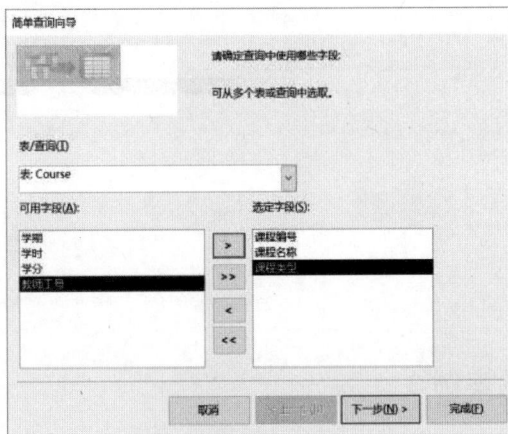

图 4-2　简单查询向导

实验案例 2

案例名称：利用"简单查询向导"创建多表选择查询

【实验目的】

掌握使用"简单查询向导"创建多表选择查询的步骤和方法。

【实验内容】

查询课程的期末成绩信息，并显示"课程名称""学生姓名"和"期末成绩"字段。

【实验步骤】

(1) 打开"教务管理.accdb"数据库，单击"创建"选项卡，在"查询"组单击"查询向导"，弹出"新建查询"对话框。

(2) 在"新建查询"对话框中选择"简单查询向导"，单击"确定"按钮，在弹出的对话框的"表/查询"下拉列表框中选择查询的数据源为 Course 表，并将"课程名称"字段添加到"选定字段"列表框中，再分别选择 Stu 表和 Grade 表为数据源，并将 Stu 表中的"姓名"字段和 Grade 表中的"期末成绩"字段添加到"选定字段"列表框中。选择结果如图 4-3 所示。

(3) 单击"下一步"按钮，选"明细"选项。

(4) 单击"下一步"按钮，为查询指定标题"实验案例 4-2"，选择"打开查询查看信息"选项。

(5) 单击"完成"按钮，弹出查询结果。

注意：查询涉及 Stu、Course 和 Grade 表，在建查询前要先建立好三个表之间的关系。

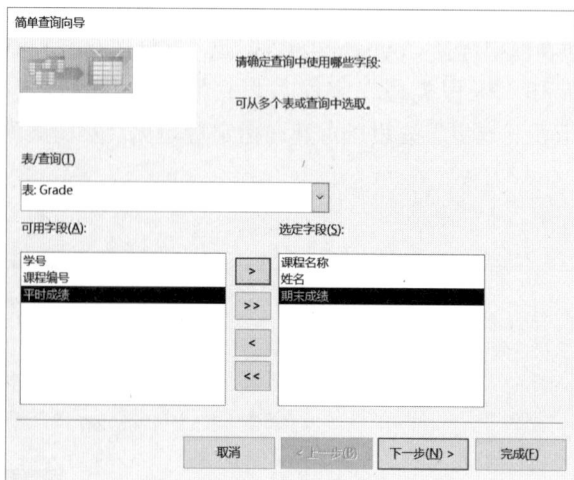

图 4-3　多表查询

实验案例 3

案例名称：创建不带条件的选择查询

【实验目的】

掌握创建不带条件的选择查询的步骤和方法。

【实验内容】

查询教师所授课程信息，并显示"工号""姓名""课程编号"和"课程名称"字段。

【实验步骤】

(1) 打开"教务管理.accdb"数据库，单击"创建"选项卡，在"查询"组单击"查询设计"，如图 4-4 所示。

(2) 在弹出的"显示表"对话框中选择 Emp 表，单击"添加"按钮添加 Emp 表，同样的方法，再依次添加 Course 表，如图 4-5 所示。

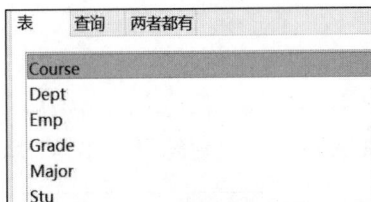

图 4-4　查询设计　　　　图 4-5　添加所需要的表

(3) 双击 Emp 表中"工号""姓名"及 Course 表中"课程编号""课程名称"字段，将它们依次添加到"字段"行的第 1~4 列上，如图 4-6 所示。添加字段有几种方法：一是选中所需字段，将其拖到设计网格的字段行上；二是双击选中的字段；三是单击设计网格中字段行要放置字段的位置，单击下拉箭头，从下列列表中选择所需字段。

(4) 单击快速工具栏"保存"按钮，在"查询名称"文本框中输入"实验案例 4-3"，单击"确定"按钮。

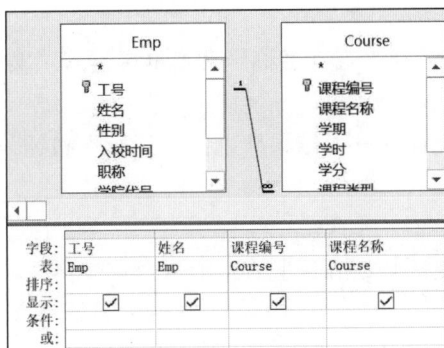

图 4-6　查询设计器

(5) 选择"开始/视图"→"数据表视图"菜单命令，或单击"查询工具/设计"→"结果"上的"运行"按钮，查看查询结果。

实验案例 4

案例名称：创建带条件的选择查询

【实验目的】

掌握创建带条件的选择查询的步骤和方法。

【实验内容】

查找所有姓"林"、出生日期在 2004 年 1 月 1 日之后，以及期末成绩在 60～90 分的学生成绩信息，要求显示"学号""姓名""出生日期""课程名称"和"期末成绩"字段内容。

【实验步骤】

(1) 在设计视图中创建查询，添加 Stu、Grade 和 Course 表到查询设计视图中。

(2) 依次双击"学号""姓名""出生日期""课程名称"和"期末成绩"字段，将它们添加到"字段"行的第 1～5 列中。

(3) 在"姓名"字段列的"条件"行中输入条件：Like"林*"，在"出生日期"字段列的"条件"行中输入条件：>#2004/1/1#，在"期末成绩"字段列的"条件"行中输入条件：Between 60 And 90，设置结果如图 4-7 所示。

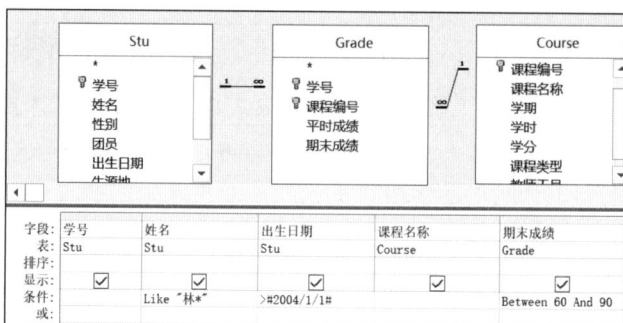

图 4-7 带条件的选择查询

(4) 单击"保存"按钮，在"查询名称"文本框中输入"实验案例 4-4"，单击"确定"按钮。

(5) 单击"查询工具/设计"→"结果"上的"运行"按钮，查看查询结果。

实验案例 5

案例名称：创建不带条件的统计查询

【实验目的】

掌握创建不带条件的统计查询的步骤和方法。

【实验内容】

统计教师人数。

【实验步骤】

(1) 在设计视图中创建查询，添加 Emp 表到查询设计视图中。

(2) 双击"工号"字段，添加到"字段"行的第 1 列中，字段名改为"教师人数：工号"。

(3) 单击"查询工具/设计"→"显示/隐藏"组上的"汇总"按钮,插入一个"总计"行,单击"工号"字段的"总计"行右侧的向下箭头,选择"计数"函数,如图 4-8 所示。

(4) 单击"保存"按钮,在"查询名称"文本框中输入"实验案例 4-5"。

(5) 运行查询,查看结果。

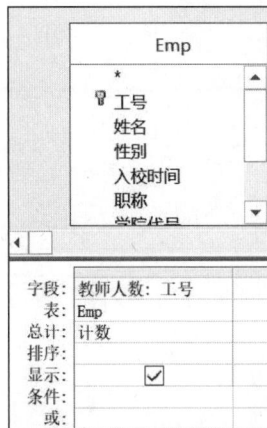

图 4-8　不带条件的统计查询

实验案例 6

案例名称:创建带条件的统计查询

【实验目的】

掌握创建带条件的统计查询的步骤和方法。

【实验内容】

统计职称为教授的男教师人数。

【实验步骤】

(1) 在设计视图中创建查询,添加 Emp 表到查询设计视图中。

(2) 双击"工号""性别"和"职称"字段,将它们添加到"字段"行的第 1～3 列中。第 1 列改名为"教师人数: 工号"。

(3) 单击"性别""职称"字段"显示"行上的复选框,使其不勾选。

(4) 单击"查询工具/设计"→"显示/隐藏"组上的"汇总"按钮,插入一个"总计"行,单击"工号"字段的"总计"行右侧的向下箭头,选择"计数"函数,"性别"和"出生日期"字段的"职称"行选择 Where 选项。

(5) 在"性别"字段列的"条件"行中输入条件:="男";在"职称"字段列的"条件"行中输入条件:="教授",如图 4-9 所示。

(6) 单击"保存"按钮,在"查询名称"文本框中输入"实验案例 4-6"。

(7) 运行查询,查看结果。

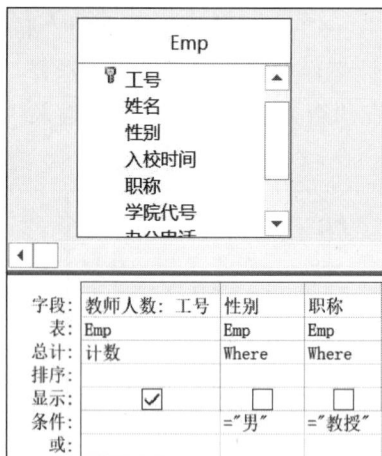

图 4-9　带条件的统计查询

实验案例 7

案例名称：创建分组统计查询

【实验目的】

掌握创建分组统计查询的步骤和方法。

【实验内容】

统计男、女学生年龄的平均值、最大值和最小值。

【实验步骤】

(1) 在设计视图中创建查询，添加 Stu 表到查询设计视图中。

(2) 字段行第 1 列选"性别"，第 2 列输入：平均年龄: Year(Date( ))-Year([出生日期])，第 3 列输入：最大年龄: Year(Date( ))-Year([出生日期])，第 4 列输入：最小年龄: Year(Date( ))-Year([出生日期])。

(3) 单击"查询工具/设计"→"显示/隐藏"组上的"汇总"按钮，插入一个"总计"行，设置"性别"字段的"总计"行为 Group By，第 2 列到第 4 列的"总计"行分别设置成"平均值""最大值"和"最小值"，查询的设计窗口如图 4-10 所示。

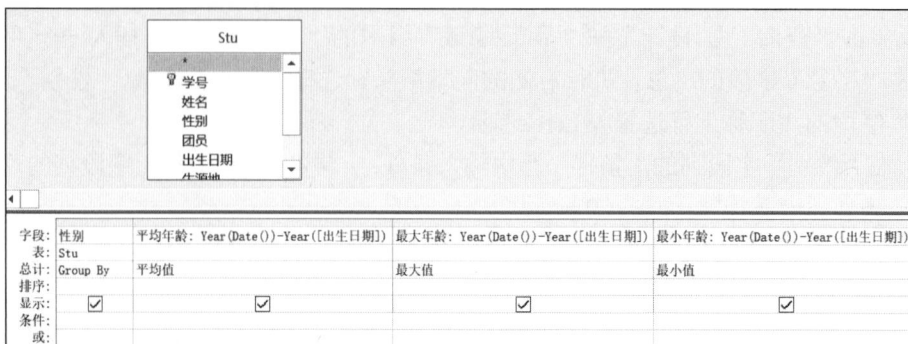

图 4-10　分组统计查询

(4) 单击"保存"按钮，在"查询名称"文本框中输入"实验案例 4-7"。

(5) 运行查询，查看结果。

实验案例 8

案例名称：创建含有 IIf( )函数的计算字段

【实验目的】

掌握创建含有函数的计算字段的步骤和方法。

【实验内容】

查询学生期末成绩信息，成绩情况用"通过"和"未通过"来显示。

【实验步骤】

(1) 添加 Stu，Grade 和 Course 表，设置字段：学号、姓名、课程名称、期末成绩，将字段"期末成绩"修改为"期末考试: IIf([期末成绩]>60, "通过", "未通过")"，如图 4-11 所示。

(2) 单击"保存"按钮，在"查询名称"文本框中输入"实验案例 4-8"。

(3) 运行查询，查看结果。

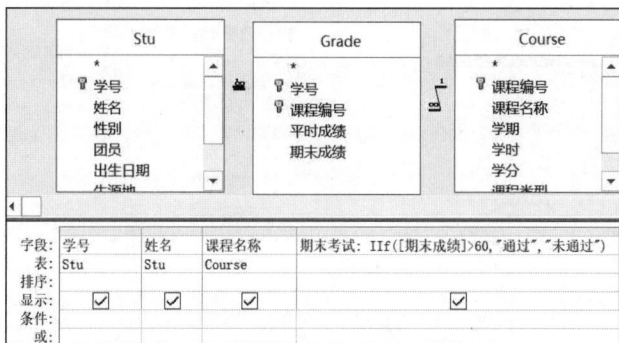

图 4-11　创建含有 IIf( )函数的计算字段

实验案例 9

案例名称：利用"交叉表查询向导"创建查询

【实验目的】

掌握利用"交叉表查询向导"创建查询的步骤和方法。

【实验内容】

查询 Emp 表中教师的职称和性别情况，行标题为"职称"，列标题为"性别"，对"工号"字段进行计数。

【实验步骤】

(1) 选择"交叉表查询向导"，选择 Emp 表，将"可用字段"列表中的"职称"添加到其右侧的"选定字段"列表中，即将"职称"作为行标题，单击"下一步"按钮。如

图 4-12 所示。

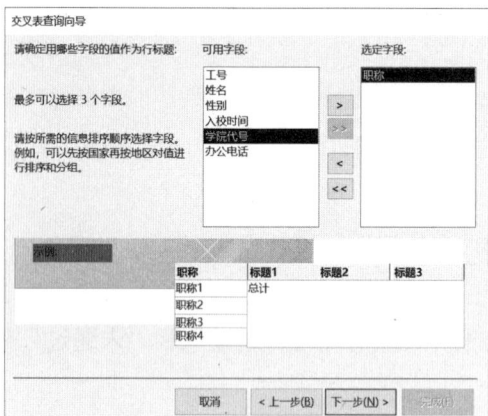

图 4-12　行标题

(2) 选择"性别"作为列标题，然后单击"下一步"按钮。如图 4-13 所示。

(3) 在"字段"列表中，选择"工号"作为统计字段，在"函数"列表中选计数选项，单击"下一步"按钮。如图 4-14 所示。

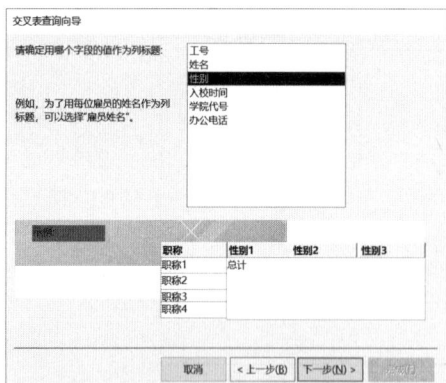

图 4-13　列标题

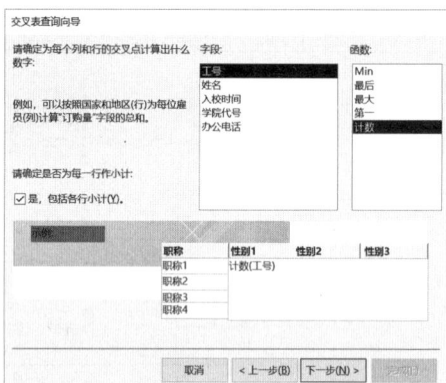

图 4-14　计数选项

(4) 在"指定查询的名称"文本框中输入"实验案例 4-9"，选择"查看查询"选项，最后单击"完成"按钮。

实验案例 10

案例名称：使用设计视图创建交叉表查询

【实验目的】

掌握使用设计视图创建交叉表查询的步骤和方法。

【实验内容】

查询 Emp 表中教师的职称和性别情况，行标题为"职称"，列标题为"性别"，计算字段为"工号"。

【实验步骤】

(1) 在设计视图中创建查询，并将 Emp 表添加到查询设计视图中。选择 "职称""性别""工号" 字段。

(2) 选择工具栏上的 "交叉表"，如图 4-15 所示。

(3) 在 "职称" 字段的 "交叉表" 行选择 "行标题" 选项，在 "性别" 字段的 "交叉表" 行选择 "列标题" 选项，在 "工号" 字段的 "交叉表" 行选择 "值" 选项，在 "工号" 字段的 "总计" 行选择 "计数" 选项，设置结果如图 4-16 所示。

(4) 单击 "保存" 按钮，将查询命名为 "实验案例 4-10"。运行查询，查看结果。

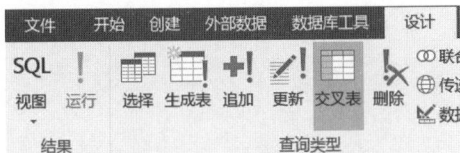
图 4-15　交叉表

图 4-16　交叉表查询

实验案例 11

案例名称：创建参数查询

【实验目的】

掌握创建参数查询的步骤和方法。

【实验内容】

以 Stu 表、Course 表、Grade 表为数据源建立查询，按照 "性别" 和 "生源地" 字段查看学生的成绩，并显示学生 "学号""姓名""性别""生源地""课程名称" 和 "期末成绩" 字段。

【实验步骤】

(1) 添加 Stu 表、Course 表、Grade 表，选择 "学号""姓名""性别""生源地""课程名称" 和 "期末成绩" 字段。

(2) 在 "性别" 字段的条件行中输入：[请输入男或女：]，在 "生源地" 字段的条件行中输入：[请输入生源地：]，如图 4-17 所示。

(3) 单击 "运行" 按钮，在 "请输入男或女：" 对话框中输入要查询的学生性别，例如："男"，在 "请输入生源地：" 对话框中输入要查询的学生生源地，例如："福建"，单击 "确定" 按钮，显示查询结果。

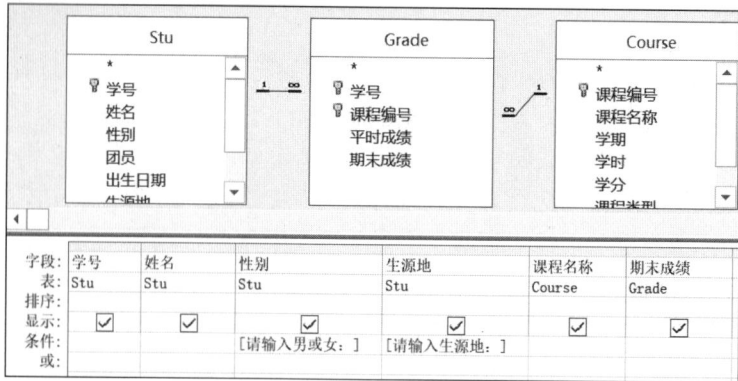

图 4-17　参数查询

(4) 单击"保存"按钮，将查询命名为"实验案例 4-11"。运行查询，查看结果。

实验案例 12

案例名称：创建生成表查询

【实验目的】

掌握创建生成表查询的步骤和方法。

【实验内容】

将成绩在 90 分以上学生的"学号""姓名""课程名称""期末成绩"存储到"优秀成绩"表中。

【实验步骤】

(1) 添加 Stu 表、Grade 表、Course 表，选择"学号""姓名""课程名称"和"期末成绩"字段。

(2) 在"期末成绩"字段的"条件"行中输入条件：>=90，如图 4-18 所示。

(3) 单击"生成表"按钮，出现生成表对话框，在表名称中输入：优秀成绩。如图 4-19 所示。运行查询，在生成表提示框选择"是"，开始建立"优秀成绩"表。

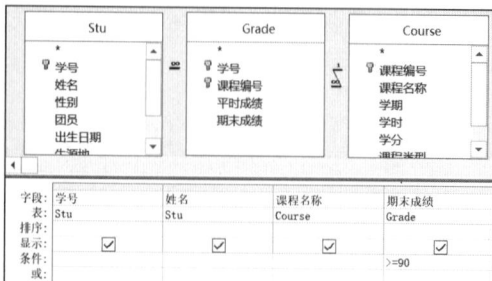

图 4-18　生成表查询

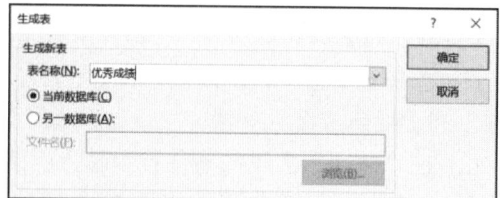

图 4-19　生成新表"优秀成绩"

实验案例 13

案例名称：创建删除查询

【实验目的】

掌握创建删除查询的步骤和方法。

【实验内容】

将 Stu 表的备份表"Stu 的副本"中姓"王"的学生记录删除。

【实验步骤】

(1) 添加"Stu 的副本"表，选择"姓名"字段。

(2) 单击"删除"按钮，设计网格中增加一个"删除"行。"姓名"字段的"删除"行显示 Where，在该字段的"条件"行中输入条件：like "王*"，如图 4-20 所示。

(3) 单击工具栏上的"运行"按钮，保存查询为"实验案例 4-13"。

注意：删除查询将永久删除指定表里的记录，并且无法恢复。因此运行删除查询时要注意，最好对要删除记录的表进行备份，以防误操作。

实验案例 14

案例名称：创建更新查询

【实验目的】

掌握创建更新查询的步骤和方法。

【实验内容】

将 Grade 的备份表"Grade 的副本"中成绩为 60 分以下的"期末成绩"增加 2 分。

【实验步骤】

(1) 添加"Grade 的副本"表，选择"课程编号""学号"和"期末成绩"字段。

(2) 单击"更新"按钮，设计网格中增加一个"更新到"行。在"期末成绩"字段的"条件"行中输入条件：<60。在"期末成绩"字段的"更新到"行中输入：[期末成绩]+2。如图 4-21 所示。

(3) 单击工具栏上的"运行"按钮，保存查询为"实验案例 4-14"。

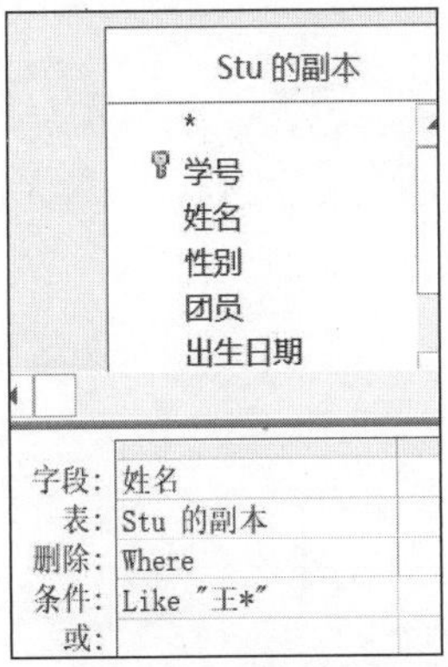

图 4-20　删除查询

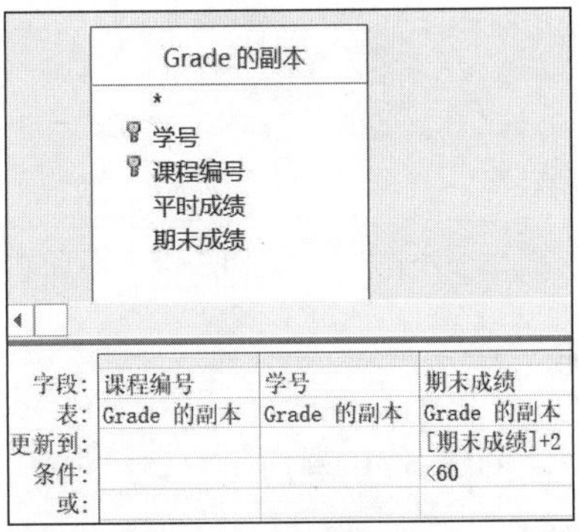

图 4-21　更新查询

实验案例 15

案例名称：创建追加查询

【实验目的】

掌握创建追加查询的步骤和方法。

【实验内容】

将选课成绩在 85～89 分(含 85 和 89)的学生记录添加到已建立的"优秀成绩"表中。

【实验步骤】

(1) 添加 Stu 表、Grade 表、Course 表，选择"学号""姓名""课程名称"和"期末成绩"字段。

(2) 在"期末成绩"字段的"条件"行中输入条件：Between 85 And 89，如图 4-22 所示。

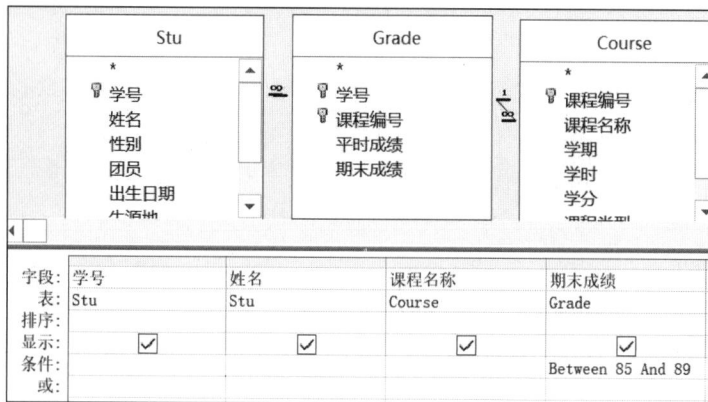

图 4-22　追加查询

(3) 单击工具栏的"追加"按钮。在"追加"对话框中的"表名称"下拉列表中选择"优秀成绩"表，单击"确定"，如图 4-23 所示。单击 "运行"按钮，选择"是"执行追加记录。

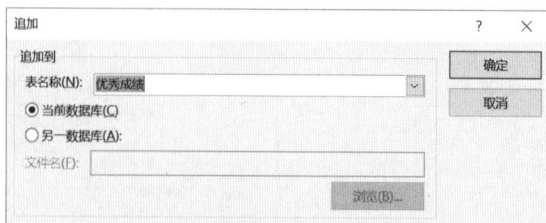

图 4-23　追加到"优秀成绩"表

实验案例 16

案例名称：创建 SQL 查询

【实验目的】

掌握创建 SQL 查询的步骤和方法。

【实验内容】

查询 2004 年出生的所有学生及专业信息。

查询课程名称为 "IT 创新创业指导" 的所有学生成绩，并按成绩降序显示。

计算各类职称的教师人数，字段显示 "职称" 和 "人数"。

【实验步骤】

(1) 选择 "创建" 选项卡，单击 "查询设计" 按钮，不添加任何表，单击 "视图" 按钮，进入 SQL 视图。

(2) 在 SQL 视图中输入以下语句：

SELECT Stu.学号,Stu.姓名,Stu.出生日期,Major.专业名称

FROM Stu,Major

WHERE Stu.专业编号 ＝ Major.专业编号

AND YEAR(Stu.出生日期)=2004 ;

(3) 单击 "运行" 按钮，显示查询结果。

(4) 在 SQL 视图中输入以下语句：

SELECT Course.课程名称,Grade.学号,Grade.期末成绩

FROM Grade,Course

WHERE Grade.课程编号 ＝ Course.课程编号

AND Course.课程名称="IT 创新创业指导"

ORDER BY Grade.期末成绩 DESC;

(5) 单击 "运行" 按钮，显示查询结果。

(6) 在 SQL 视图中输入以下语句：

SELECT 职称,Count(工号) AS 人数

FROM Emp

GROUP BY 职称;

(7) 单击 "运行" 按钮，显示查询结果。

第 5 章

窗 体

知识要点

5.1.1 窗体概述

窗体(Form)是 Access 数据库系统的另一个重要对象，它是用户与数据库之间的接口，是用户与数据库交互的主要操作界面。

1. 窗体的功能

窗体常被用来显示和编辑数据、控制程序的流程、接受用户的输入，以及显示交互信息，甚至也可以打印指定的数据，实现报表的部分功能。

2. 窗体的类型

Access 窗体的分类方法有多种，通常是根据窗体功能或根据数据的显示方式来分类。

按功能可将窗体分为如下 4 种类型：数据操作窗体、控制窗体、信息显示窗体和交互信息窗体。

按数据的显示方式可将窗体分为如下 4 种类型：纵栏式窗体、表格式窗体、数据表窗体和主/子窗体。

3. 窗体的视图

在 Access 数据库中，窗体有 4 种视图：设计视图、窗体视图、布局视图和数据表视图。它们可以通过工具栏按钮进行切换。

4. 窗体的构成

窗体通常由窗体页眉、窗体页脚、页面页眉、页面页脚和主体 5 部分构成，每一部分称为窗体的"节"。所有窗体必有主体节，其他节可以通过设置确定有无。

5.1.2　创建窗体

1. 自动创建窗体

如果只需要创建一个简单的数据维护窗体，显示选定表或查询中的所有字段及记录，那么自动创建窗体就是一种最快捷的窗体创建方式。Access 提供了多种方法自动创建窗体，它们的基本步骤都是先打开(或选定)一个表或查询，然后选用某种自动创建窗体的工具创建窗体，可以创建纵栏式窗体、表格式窗体和分割窗体。

2. 使用向导创建窗体

使用"窗体"按钮、"其他窗体"按钮等工具创建窗体虽然方便快捷，但是在内容和形式上都受到很大的限制，不能满足用户自主选择显示内容和显示方式的要求。而使用"窗体向导"创建窗体可以在创建过程中选择数据源和字段、设置窗体布局等，所创建的窗体可以是纵栏式、表格式或数据表式，其创建的过程基本相同。

3. 使用"空白窗体"按钮创建窗体

使用"空白窗体"按钮创建窗体是在布局视图中创建数据表窗体，窗体的数据源表会同时打开，用户可以根据需要将表中的字段拖到窗体上，系统会自动完成控件与对应字段的绑定，从而快速完成创建窗体的工作。

4. 使用设计视图创建窗体

利用自动创建窗体和窗体向导等工具可以创建多种窗体，但这些窗体只能满足用户一般的显示与功能要求，而且有些类型的窗体用向导无法创建。对于复杂的、功能多的窗体，需要在设计视图下进行创建。

5. 创建主/子窗体

主/子窗体是指一个窗体中可以包含另一个窗体，基本窗体称为主窗体，窗体中的窗体称为子窗体。子窗体还可以包含子窗体，即主/子窗体间呈树形结构。主/子窗体通常用于一对多关系中的主/子两个数据源，子窗体显示与主窗体显示的主数据源当前记录对应的子数据源中的记录。在主窗体中显示的数据是一对多关系中的"一"端，而"多"端数据则在子窗体中显示。在主窗体中修改当前记录会引起子窗体中记录的相应改变。

创建主/子窗体有两种方法。

方法 1：使用"窗体向导"同时创建主窗体和子窗体。

方法 2：先创建主窗体，然后利用"设计视图"添加子窗体。

在创建过程中，主窗体只能是纵栏式窗体，而子窗体可以是数据表窗体或表格式窗体。

5.1.3　设计窗体

一般情况下，我们先用"自动创建窗体"或"窗体向导"创建窗体，得到窗体的初步设计，然后再切换到窗体的"设计视图"，进一步对该窗体进行设计，直到满意为止。

1. 窗体设计视图

窗体的设计视图提供了更为灵活和自由的窗体实现方法，用户可以完全控制窗体的布局和外观，准确地把控件放在合适的位置，设置各种格式，直到达到满意的效果。另外，控制窗体和交互信息窗体只能在"设计视图"下手工创建。

2. 为窗体设置数据源

多数情况下，窗体都是基于某一个表或查询建立起来的，窗体内的控件通常显示的是表或查询中的字段值。当使用窗体对表或查询的数据进行操作时，需要指定窗体的数据源。窗体的数据源可以是表、查询或 SQL 语句。

添加窗体的数据源有两种方法。

方法 1：使用"字段列表"窗格添加数据源。进入窗体"设计视图"后，在窗体设计工具"设计"选项卡的"工具"组中，单击"添加现有字段"按钮，打开"字段列表"窗格，单击"显示所有表"按钮，将会在窗格中显示数据库中的所有表，单击"+"号可以展开所选定表的字段。将字段直接拖拽到窗体中，即可创建和字段相绑定的控件。

方法 2：使用"属性表"窗格添加数据源。进入窗体"设计视图"后，在窗体设计工具"设计"选项卡的"工具"组中，单击"属性表"按钮，或者右击窗体，在弹出的快捷菜单中选择"属性"命令，打开属性表窗格。切换到"数据"选项卡，选择"记录源"属性，在下拉列表框中选择需要的表或查询，或者直接输入 SQL 语句。如果需要创建新的数据源，则可以单击"记录源"属性右侧的生成器按钮，打开查询生成器，用与查询设计相同的方法，根据需要创建新的数据源。

以上两种方法在使用上有些区别：使用"字段列表"添加的数据源只能是表，而使用"属性表"的记录源则可以是表、查询或 SQL 语句。

3. 窗体的常用属性与事件

窗体本身是一个对象，它有自己的属性、方法和事件，以便控制窗体的外观和行为。窗体又是其他对象的载体或容器，几乎所有的控件都是设置在窗体上的。

用户每新建一个窗体，Access 即自动为该窗体设置了默认属性。设置窗体的属性可在"设计视图"的"属性表"窗格中手工设置，也可以在系统运行时由 VBA 代码动态设置。窗体的基本属性如表 5-1 所示。

表 5-1　窗体的基本属性

属性名称	属性标识	功能
标题	Caption	决定窗体的标题栏上显示的文字信息
默认视图	DefaultView	决定窗体运行时的显示形式,需在"连续窗体""单一窗体"和"数据表"3 个选项中选取
自动居中	AutoCenter	决定窗体显示时是否自动居于桌面中间,需在"是""否"两个选项中选取
导航按钮	NavigationButtons	决定窗体显示时是否有导航条,需在"是""否"两个选项中选取

续表

属性名称	属性标识	功能
记录选择器	RecordSelectors	决定窗体显示时是否有记录选择器，需在"是""否"两个选项中选取
分割线	DividingLines	决定窗体显示时是否显示窗体各节间的分割线，需在"是""否"两个选项中选取
滚动条	ScrollBar	决定窗体显示时是否有滚动条，需在"两者均无""水平""垂直"和"两者都有"4个选项中选取
最大化最小化按钮	MinMaxButtons	决定是否使用 Windows 标准的"最大化"和"最小化"按钮
自动调整	AutoResize	决定窗体显示时是否自动调整窗口大小以显示整条记录，需在"是""否"两个选项中选取
记录源	RecordSource	决定窗体的数据源

事件是一种系统特定的操作，它是能够被对象识别的动作。窗体作为对象，能够对事件作出响应。与窗体有关的常用事件有以下几种。

(1) 单击(Click)事件：单击窗体的空白区域时会触发 Click 事件。

(2) 打开(Open)事件：当窗体打开时发生 Open 事件。

(3) 关闭(Close)事件：当窗体关闭时发生 Close 事件。

(4) 加载(Load)事件：当打开窗体并且显示了它的记录时发生 Load 事件。

(5) 卸载(Unload)事件：当窗体关闭并且它的记录被卸载时发生 Unload 事件。

(6) 激活(Activate)事件：当窗体成为激活窗口时发生 Activate 事件。

(7) 停用(Deactivate)事件：当窗体不再是激活窗口时发生 Deactivate 事件。

(8) 调整大小(Resize)事件：当窗体第一次显示时或窗体大小发生变化时发生 Resize 事件。

(9) 成为当前(Current)事件：当窗体第一次打开，或焦点从一条记录移动到另一条记录时，或在重新查询窗体的数据源时发生 Current 事件。

(10) 计时器触发(Timer)事件：当窗体的计时器间隔(TimerInterval)属性所指定的时间间隔已到时发生 Timer 事件。

首次打开窗体时，事件将按如下顺序发生：Open—Load—Activate—Current。

关闭窗体时，事件将按如下顺序发生：Unload—Deactivate—Close。

4. 控件的分类与常用属性

控件是窗体或报表中的对象，是窗体或报表的重要组成部分，可用于输入、编辑或显示数据。在窗体上添加的每一个对象都是控件。

在 Access 中，按照控件与数据源的关系可将控件分为"绑定型""非绑定型"和"计算型"3 种。

- 绑定型控件：其数据源是表或查询中的字段的控件称为绑定型控件，主要用于显示、输入、更新数据库中的字段。

- 非绑定型控件：不具有数据源(如字段或表达式)的控件称为非绑定型控件，可以用来显示信息、图片、线条或矩形。

- 计算型控件：其数据源是表达式(而非字段)的控件称为计算型控件。表达式可以使用来自窗体或报表的基础表或查询中的字段的数据，也可以使用来自窗体或报表中的另一个控件的数据。

每一个对象都有自己的属性，在"属性表"窗格可以看到所选对象的属性值。需要注意的是，不同的对象有许多相同的属性；但不是所有对象都具有下面提到的属性，例如，文本框就没有Caption属性。改变一个对象的属性，其外观也相应地发生变化。控件的常用属性如表 5-2 所示。

表 5-2 控件常用属性

属性名称	属性标识	功能
名称	name	标识控件名，控件名称必须唯一
标题	caption	设置控件的标题文本
前景色	forecolor	定义控件的前景色(字体颜色)
背景色	backcolor	定义控件的背景色
字体名称	fontname	设置控件内文本的字体
字号	fontsize	设置控件内文本的字号 与字体有关的属性还有：fontbold-粗体，fontItalic-斜体，fontUnderline-下划线等
可用	enabled	控制控件是否允许操作
可见性	visible	控制控件是否可见
高度、宽度	height,width	指定控件的高度、宽度
左边距、上边距	left,top	决定控件的起点(距离直接容器的左边和上边的度量)
控件来源	controlsource	确定控件的数据源，一般为表的字段名
值	value	只在运行时有效，用于保存用户输入或选定的数据

5. 常用控件的使用

(1) 标签(Label)：主要用来在窗体或报表上显示说明性文字。标签不能显示字段或表达式的值，当从一条记录移到另一条记录时，标签的值不会改变。可以创建独立的标签，也可以将标签附加到其他控件上。使用标签工具创建的是独立标签。独立标签在窗体的"数据表视图"中无法显示。

(2) 文本框(Text)：主要用来输入或编辑字段数据，是一种交互控件。绑定型文本框关联到表或查询的字段，能够显示或编辑字段的内容；非绑定型文本框没有连接到某一字段，一般用来显示提示信息或接收用户输入的数据；计算型文本框可以显示表达式的结果，当表达式发生变化时，数值会被重新计算。

(3) 命令按钮(Command)：主要用来执行某项操作。使用 Access 提供的"命令按钮向导"可以创建 30 多种不同类型的命令按钮。

(4) 选项组(Frame)：由一个组框及一组复选框、选项按钮或切换按钮组成的控件，每次只能选择一个选项，它能使用户从某一组确定的值中选择一项变得十分容易。如果选项组绑定到某个字段，则只是选项组框架本身绑定到此字段，而不是选项组框架内的选项按钮、复选框或切换按钮。只要单击选项组中的一项就可以为字段选定数据值。也可以使用非绑定型选项组来接受用户的输入，然后根据用户选择的内容来执行相应的操作。选项组的"选项值"属性只能设置为数字而不能是文本。

(5) 列表框(List)/组合框(Combo)：如果在窗体上输入的数据总是取自某一个表或查询中记录的数据，或者取自某固定内容的数据，那么这种输入可以使用列表框或组合框控件来完成。这样既可以确保输入数据的正确性，也可以提高输入的速度。列表框可以包含一列或几列数据，但用户只能从列表中选择值，而不能输入新值。组合框的列表由多行数据组成，但平时只显示一行。单击组合框右侧的下拉按钮，将显示出其他选项以供选择。组合框和列表框的区别是，使用组合框不仅可以选择内容，还可以输入新的内容。

(6) 选项卡控件：当窗体中的内容较多而无法在一页全部显示时，可以使用选项卡将控件分配到多个页上。用户只要单击选项卡上的标签，就可以在多个页面间进行切换。

(7) 图像的显示：Access 中，可以用于显示图像的控件有图像(Image)控件、绑定对象框和非绑定对象框三种。

图像控件主要用于美化窗体。图像控件的创建比较简单，单击"选项"组中的"图像"按钮，在窗体的合适位置上单击，系统提示"插入图片"对话框，选择要插入的图片文件即可。然后可以通过"属性"窗口进一步设置相关属性。

用"非绑定对象框"插入图片，一般也用来美化窗体，它是静态的，且不论窗体是在设计视图还是窗体视图，都可以看到图片本身。

而"绑定对象框"显示的图片来自数据表，在表的"设计视图"中，该字段的数据类型应定义为"OLE"对象。数据表中保存的图片只能在窗体的"窗体视图"下才能显示出来，在"设计视图"下只能看到一个空的矩形框。"绑定对象框"的内容是动态的，随着记录的改变，它的内容也随之改变。

5.1.4　修饰窗体

1. 主题的应用

Access 中提供了窗体主题格式功能，可以将预设的主题格式应用在窗体的背景、字体、颜色和边框上。

按照以下步骤套用主题格式：首先在窗体的设计视图下打开任意一个需要设置主题格式的窗体，然后在"窗体设计工具"的"设计"选项卡"主题"组中单击"主题"按钮，从中选择需要的主题，则当前数据库中所有窗体都将与所选主题的格式一致。

2. 条件格式的使用

条件格式的设定对窗体和控件的属性修改更为灵活，它可以根据需要对窗体的格式和窗体的显示元素等进行美化设置。

按照以下步骤使用条件格式：首先在窗体的设计视图下打开任意一个需要设置条件格式的窗体，然后在"窗体设计工具"的"格式"选项卡"控件格式"组中单击"条件格式"按钮，将弹出"设置条件格式"对话框。在这里可以设置条件格式，一次最多可以设置 3

个条件格式。

3. 窗体的布局及格式调整

为使窗体界面更加有序、美观，经常要对其中的对象(控件)进行调整，如位置、大小、排列等。选定窗体上需要调整的控件后，在"窗体设计工具"的"排列"选项卡"调整大小和排序"组中单击"大小/空格"按钮，在这里可以对控件的大小和间距进行调整。

5.1.5　定制用户入口界面

Access 提供的导航窗体可以方便地将已经建立的数据库对象集成起来，为用户提供一个可以进行数据库应用系统功能选择的操作控制界面。

1. 创建导航窗体

Access 提供了一种特别的窗体，称为导航窗体。在导航窗体中，用户可以选择导航窗体的布局，然后在所选布局上直接创建导航按钮，并通过这些按钮将已建数据库对象集成在一起，形成数据库应用系统。

2. 设置启动窗体

完成导航窗体的创建后，还需要将其设置为数据库的启动窗体。设置完成后需要重新启动数据库。当再次打开数据库时，系统将自动打开预设的启动窗体。

5.2　思考与练习

5.2.1　选择题

1. Access 的窗体类型不包括(　　)。
   A. 纵栏式　　　　B. 数据表　　　　C. 文档式　　　　D. 表格式
2. 在 Access 中，根据控件与数据源的关系可将控件分为(　　)。
   A. 绑定型、非绑定型、对象型　　　　B. 计算型、非计算型、对象型
   C. 对象型、绑定型、计算型　　　　　D. 绑定型、非绑定型、计算型
3. 不能作为窗体的记录源(RecordSource)的是(　　)。
   A. 表　　　　　　B. 查询　　　　　C. SQL 语句　　　　D. 报表
4. 为使窗体在运行时能自动居于显示器的中央，应将窗体的(　　)属性设置为"是"。
   A. 自动调整　　　B. 可移动的　　　C. 自动居中　　　D. 分割线
5. 确定一个控件在窗体或报表上的位置的属性是(　　)。
   A. Width 或 Height　　B. Top 或 Left　　C. Width 和 Height　　D. Top 和 Left
6. 在窗体中，标签的"标题"属性是标签控件的(　　)。
   A. 自身宽度　　　B. 名称　　　　　C. 大小　　　　　D. 显示内容

7. 要修改命令按钮上显示的文本，应设置其(　　)属性。

    A. 名称　　　　　　　　B. 默认　　　　　　　C. 标题　　　　　　　D. 单击

8. 在教师信息表中有"职称"字段，包含"教授""副教授"和"讲师"三种值，则用(　　)控件录入"职称"数据是最佳的。

    A. 标签　　　　　　　　B. 图像　　　　　　　C. 文本框　　　　　D. 组合框

9. 下列关于窗体的叙述中，正确的是(　　)。

    A. Caption 属性用于设置窗体标题栏的显示文本

    B. 窗体的 Load 事件与 Activate 事件功能相同

    C. 窗体中不能包含子窗体

    D. 窗体没有 Click 事件

10. 若已设置文本框的输入掩码为 00.000，则运行时允许在文本框中输入的是(　　)。

    A. 5A、36E　　　　B. 34.569　　　　C. 345.69　　　　D. 5A3.6E

11. 若要求在文本框中输入文本时，显示为"*"号，则应设置输入掩码为(　　)。

    A. 邮政编码　　　　　B. 身份证　　　　　C. 默认值　　　　　D. 密码

12. 若窗体中有命令按钮 Command1，要设置 Command1 对象为不可用(运行时显示为灰色状态)，应将 Command1 对象的(　　)属性设置为 False。

    A. Visible　　　　　B. Enabled　　　　C. Default　　　　D. Cancel

13. (　　)属性可返回组合框中数据项的个数。

    A. ListCount　　　B. ListIndex　　　C. ListSelecked　　D. ListValue

14. 向列表框中添加一项数据，可以用(　　)方法。

    A. RemoveItem　　B. ListItem　　　C. InsertItem　　　D. AddItem

15. 从组合框中删除一项数据，可以用(　　)方法。

    A. DeleteItem　　　B. RemoveItem　　C. DropItem　　　D. AddItem

16. 下面对选项组的"选项值"属性描述正确的是(　　)。

    A. 只能设置为文本　　　　　　　　B. 可以设置为数字或文本

    C. 只能设置为数字　　　　　　　　D. 不能设置为数字或文本

17. 要在窗体中显示图片，不可以使用(　　)控件。

    A. 图像　　　　　　　　　　　　　B. 非绑定对象框

    C. 绑定对象框　　　　　　　　　　D. 组合框

18. 下面关于列表框的叙述中，正确的是(　　)。

    A. 列表框可以包含一列或几列数据

    B. 窗体运行时可以直接在列表框中输入新值

    C. 列表框的选项中第一项的序号为 1

    D. 列表框的可见性设置为"否"，则运行时显示为灰色

19. 若一窗体中有标签 Label1 和命令按钮 Command1，要在 Command1 的某事件中引用 Label1 的 CAPTION 属性值，正确的引用方式是(　　)。

    A. ME.COMMAND1.CAPTION　　　　B. ME.CAPTION

    C. ME.LABEL1　　　　　　　　　　D. ME.LABEL1.CAPTION

20. 在窗体的各个部分中，位于( )中的内容在打印预览或者打印时才会显示。

    A. 窗体页眉   B. 窗体页脚   C. 页面页脚   D. 主体

21. 如果加载一个窗体，最先被触发的事件是( )。

    A. Load 事件   B. Open 事件   C. Activate 事件   D. Click 事件

22. 纵栏式窗体同一时刻能显示( )。

    A. 1 条记录   B. 2 条记录   C. 3 条记录   D. 多条记录

23. 主窗体和子窗体的链接字段不一定在主窗体或子窗体中显示，但必须包含在( )。

    A. 外部数据库中   B. 查询中

    C. 主/子窗体的数据源中   D. 表中

24. 在计算型控件中，控件来源表达式前都要加上( )。

    A. =   B. !   C. like   D. #

25. 在设计窗体时创建了一个独立标签，它在窗体的( )中不能显示。

    A. 设计视图   B. 窗体视图   C. 数据表视图   D. 布局视图

5.2.2 简答题

1. 简述窗体的主要功能。

2. 窗体有几种类型？各有什么作用？

3. 窗体有几种视图？各有什么作用？

4. 与自动窗体比较，窗体向导的优点有哪些？

5. 如何给窗体设定数据源？

6. 什么是"绑定型"对象？什么是"非绑定型"对象？请各举一例说明。

7. 属性表窗格有什么作用？如何显示属性表窗格？

8. 什么情况下需要使用"标签"？什么情况下需要使用"文本框"？请各举一例说明。

9. 组合框和列表框使用时有什么异同？

10. 请比较选项按钮组和列表框的异同点。

5.3 实验案例

实验案例 1

案例名称：使用"自动创建窗体"工具创建窗体

【实验目的】

掌握使用"自动创建窗体"工具创建窗体的方法和步骤。

【实验内容】

(1) 在"教务管理"数据库中，以 Dept 表为数据源建立一个"纵栏式"窗体，显示全部字段。完成后的窗体如图 5-1 所示。

(2) 在"教务管理"数据库中，以 Major 表为数据源建立一个"表格式"窗体，显示全部字段。完成后的窗体如图 5-2 所示。

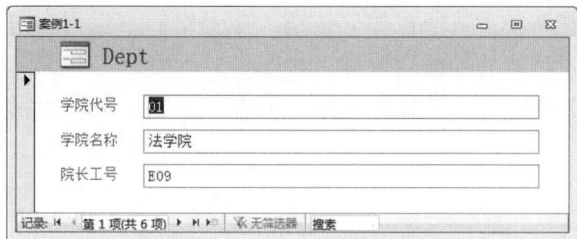

图 5-2　表格式窗体

图 5-1　纵栏式窗体

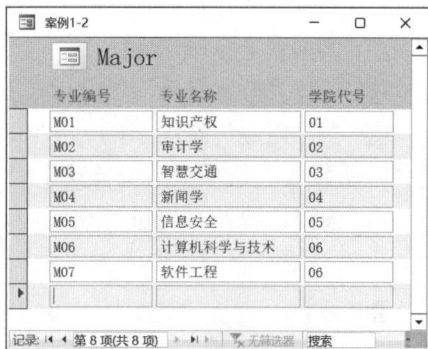

(3) 在"教务管理"数据库中，以 Stu 表为数据源建立一个"数据表"窗体，显示全部字段。完成后的窗体如图 5-3 所示。

图 5-3　数据表窗体

【实验步骤】

(1) 实验内容(1)的步骤：

① 打开"教务管理"数据库，在"表"对象中选择 Dept 表。

② 在"创建"选项卡的"窗体"组中单击"窗体"按钮，系统创建 Dept 表对应的纵栏式窗体，如图 5-1 所示。

③ 根据需要对布局进行调整后，单击快捷访问工具栏上的"保存"按钮，打开"另存为"对话框，将窗体命名为"案例 1-1"，单击"确定"按钮，完成该窗体的创建。

(2) 实验内容(2)的步骤：

① 打开"教务管理"数据库，在"表"对象中选择 Major 表。

② 在"创建"选项卡的"窗体"组中单击"其他窗体"按钮，在弹出的下拉列表中选择"多个项目"选项，系统自动生成 Major 表对应的表格式窗体，如图 5-2 所示。

③ 根据需要对布局进行调整后，单击快捷访问工具栏上的"保存"按钮，打开"另存为"对话框，将窗体命名为"案例 1-2"，单击"确定"按钮，完成该窗体的创建。

(3) 实验内容(3)的步骤：

① 打开"教务管理"数据库，在"表"对象中选择 Stu 表。

② 在"创建"选项卡的"窗体"组中单击"其他窗体"按钮，在弹出的下拉列表中选择"数据表"选项，系统自动生成 Stu 表对应的数据表窗体，如图 5-3 所示。

③ 根据需要对布局进行调整后，单击快捷访问工具栏上的"保存"按钮，打开"另存为"对话框，将窗体命名为"案例 1-3"，单击"确定"按钮，完成该窗体的创建。

【思考】

自动创建窗体的基本步骤是什么？

实验案例 2

案例名称：使用"窗体向导"工具创建窗体

【实验目的】

(1) 掌握使用"窗体向导"工具创建窗体的方法。

(2) 掌握使用"设计视图"修改窗体的方法。

(3) 掌握在窗体中添加控件的方法。

【实验内容】

以 Stu 表为数据源设计"学生名单"窗体，如图 5-4 所示。要求显示"学号""姓名""性别""出生日期"和"生源地"这 5 个字段，只有垂直滚动条，无"记录选择器"，窗体页眉处显示"学生名单"，字号 18。

(a) 案例 2 窗体设计视图　　　(b) 案例 2 窗体视图的显示效果

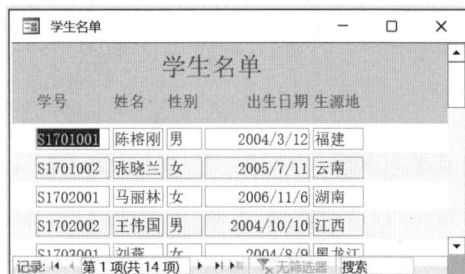

图 5-4

【实验步骤】

(1) 在"创建"选项卡上的"窗体"组中单击"窗体向导"按钮，打开"窗体向导"

对话框。

(2) 在"表/查询"下拉列表框中选择 Stu 表，并选择所需的字段：学号、姓名、性别、出生日期和生源地，单击"下一步"按钮，进入"窗体向导"对话框的下一界面。

(3) 在界面右侧选择"表格"单选按钮，单击"下一步"按钮，进入"窗体向导"对话框的下一界面。

(4) 指定窗体标题为"学生名单"，单击"完成"按钮，这时可以看到新建的窗体，系统自动命名其为"学生名单"。

(5) 切换到窗体的设计视图，打开"属性表"，设置窗体的"记录选择器"属性为"否"，设置"滚动条"属性为"只垂直"。

(6) 在窗体页眉节选中显示"学生名单"的标签，通过属性窗口将"字号"改为 18，并将标签移到合适的位置。

(7) 关闭窗体后，修改窗体名称为"案例 2"。

【思考】

创建绑定型控件的最佳方式是什么？

实验案例 3

案例名称：创建主/子窗体

【实验目的】

(1) 掌握使用"窗体向导"创建主/子窗体的方法和步骤。

(2) 掌握使用"设计视图"创建主/子窗体的方法和步骤。

【实验内容】

(1) 使用"窗体向导"创建主/子窗体，如图 5-5 所示。主窗体的数据源为 Emp 表的"工号""姓名"和"职称"，子窗体的数据源为 Course 表的"课程编号""课程名称"和"学时"。

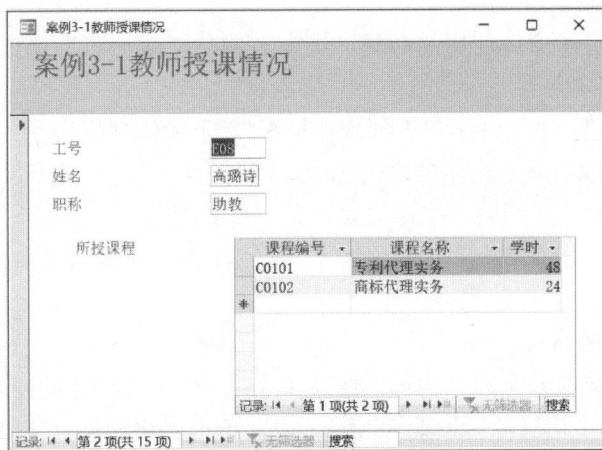

图 5-5 教师授课情况主/子窗体

(2) 使用"设计视图"创建主/子窗体，如图 5-6 所示。主窗体的数据源为 Major 表的

"专业编号"和"专业名称",子窗体的数据源为 Stu 表的"学号""姓名""性别"和"生源地"。

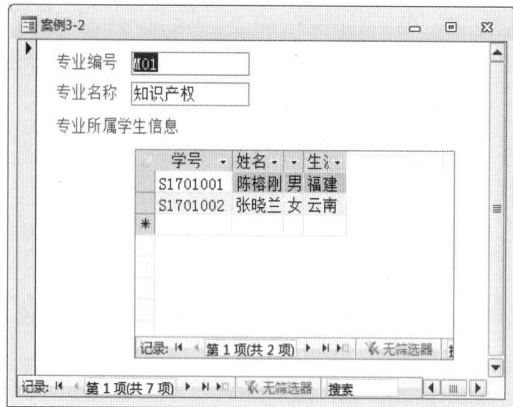

图 5-6　专业学生情况主/子窗体

【实验步骤】

(1) 实验内容(1)的步骤:

① 在"创建"选项卡上的"窗体"组中单击"窗体向导"按钮,打开"窗体向导"对话框。

② 在"表/查询"下拉列表框中选择 Emp 表,将"工号""姓名"和"职称"字段添加到"选定字段"列表中。使用相同方法将 Course 表中的"课程编号""课程名称"和"学时"字段添加到"选定字段"列表中。单击"下一步"按钮,进入"窗体向导"对话框的下一界面。

③ 在"请确定查看数据的方式"列表框中选择"通过 Emp"选项,系统会自动选择下方的"带有子窗体的窗体"单选按钮。单击"下一步"按钮,进入"窗体向导"对话框的下一界面。

④ 在这一步确定子窗体使用的布局,选中右侧的"数据表"单选按钮,单击"下一步"按钮,进入"窗体向导"对话框的下一界面。

⑤ 确定窗体标题为"案例 3-1 教师授课情况",子窗体名称为"所授课程",单击"完成"按钮,即可看到如图 5-5 所示的主/子窗体。

⑥ 切换到布局视图,调整各控件位置、大小直到满意。

⑦ 关闭窗体后,分别修改窗体名称为"案例 3-1 教师授课情况主窗体"和"案例 3-1 子窗体"。

(2) 实验内容(2)的步骤:

① 在"创建"选项卡上的"窗体"组中单击"窗体设计"按钮,新建一个窗体,通过属性窗口将窗体的"记录源"设置为 Major 表,单击"添加现有字段"按钮,打开"字段列表"窗口,将数据源字段列表中的"专业编号"和"专业名称"字段直接拖拽到窗体中,创建和字段相绑定的控件。

② 在窗体控件工具箱中单击"子窗体/子报表"按钮,然后在"专业名称"下方拖放

出一个矩形框，松开鼠标后即弹出"子窗体向导"对话框，选中"使用现有的表和查询"单选按钮，单击"下一步"按钮，进入"子窗体向导"对话框的下一界面。

③ 在"表/查询"下拉列表框中选择"表：Stu"，双击选定"学号""姓名""性别"和"生源地"字段，单击"下一步"按钮，进入"子窗体向导"对话框的下一界面。

④ 选择"对 Major 中的每个记录用专业编号显示 Stu"，单击"下一步"按钮，进入"子窗体向导"对话框的下一界面。

⑤ 指定子窗体的名称为"专业所属学生信息"，单击"完成"按钮，返回到窗体"设计视图"，调整各控件位置、大小直到满意，再切换到"窗体视图"就可以浏览专业学生信息，如图 5-6 所示。

⑥ 关闭窗体时，将该窗体另存为"案例 3-2"，并修改相应的子窗体名称为"案例 3-2 子窗体"。

实验案例 4

案例名称：常用控件案例 1

【实验目的】
(1) 掌握窗体、标签控件和按钮控件常用属性的设置。
(2) 掌握命令按钮事件代码的编写。

【实验内容】
创建如图 5-7 所示的窗体。

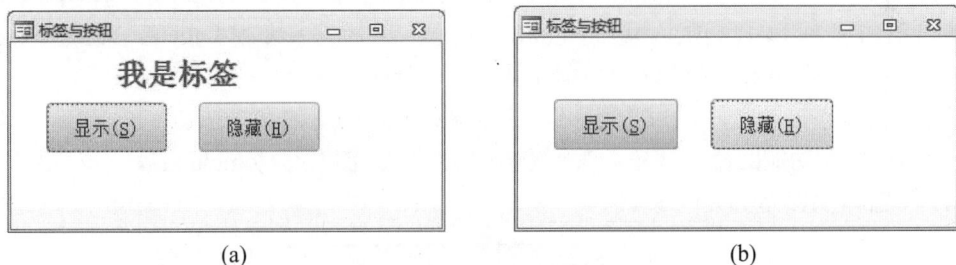

(a)　　　　　　　　(b)

图 5-7　案例 4 的窗体视图

【实验步骤】
(1) 新建一个窗体，窗体标题为"标签与按钮"，窗体的记录选择器、导航按钮、分割线均为"否"，边框样式为"细边框"，窗体运行时自动居中。

(2) 添加一个标签控件 Label0，其标题为"我是标签"，宋体、18 号、加粗，大小为"正好容纳"，前景色为红色即 RGB(255，0，0)。

(3) 添加两个命令按钮 Command1 和 Command2，标题分别为"显示(S)"和"隐藏(H)"，其中 S 和 H 为访问键。

(4) 编写命令按钮 Command1 的单击事件代码：Label0.Visible = True，使窗体运行时，单击 Command1 按钮后，显示标签控件 Label0。

(5) 编写命令按钮 Command2 的单击事件代码：Label0.Visible = False，使窗体运行时，单击 Command2 按钮后，隐藏标签控件 Label0。

(6) 将窗体保存为"案例 4"。

【思考】

(1) 同一个窗体中，控件的名称可以重复吗？控件的标题可以重复吗？

(2) 如何正确识别题目中标签控件的名称？

实验案例 5

案例名称：常用控件案例 2

【实验目的】

(1) 掌握文本框控件常用属性的设置。

(2) 掌握"按钮向导"的使用。

【实验内容】

创建如图 5-8 所示的窗体。

【实验步骤】

(1) 新建一个窗体，窗体标题为"系统登录窗口"，窗体的记录选择器、导航按钮、分割线均为"否"，无滚动条，背景颜色为自定义颜色 RGB(180，222，233)，窗体运行时自动居中。

(2) 为窗体添加两个带有自动关联标签的文本框，"用户名"的标签名称为 Label1，对应文本框的名称为 Text1，默认值为 admin；"密码"的标签名称为 Label2，对应文本框的名称为 Text2，并将其输入掩码设为"密码"输入格式。

(3) 为窗体添加一个标题为"登录"、名称为 Command1 的命令按钮，再添加一个具有"退出应用程序"功能的命令按钮，其标题为"退出"，名称为 Command2。

(4) 将窗体保存为"案例 5"。

图 5-8　案例 5 的窗体视图

【思考】

窗体的窗体页眉节、主体节和窗体页脚节可以分别设置不同的背景色吗？

实验案例 6

案例名称：常用控件案例 3

【实验目的】

(1) 掌握图像控件和直线控件常用属性的设置。

(2) 掌握选项组向导的使用。

【实验内容】

创建如图 5-9 所示的窗体。

【实验步骤】

(1) 新建一个窗体，窗体标题为"控件的使用"，运行时自动居中，无记录选择器，无导航按钮，无滚动条，为窗体添加窗体页眉/页脚。

(2) 在窗体页眉处添加一个标签，名称为 Label1，标题为"小丸子"，大小为"正好容纳"，字体为"隶书"，字号"18"，字体粗细"特粗"，特殊效果为"蚀刻"。

(3) 在窗体的主体处添加一个图像控件 Image1，并为它添加一张图片(可以自行选择图片，同时修改 Label1 的标题与图片匹配)，图片类型为"嵌入"，缩放模式为"缩放"。

(4) 在窗体的主体处添加一个直线控件 Line1，边框样式为"虚线"，边框宽度为 4pt。

(5) 在窗体的主体处用选项组向导添加一个选项组控件 Frame1，标题为"图片处理"，在选项组中包含两个选项按钮控件，第一个选项按钮对应的标题为"放大"，第二个选项按钮对应的标题为"缩小"，默认值为"放大"。

(6) 将窗体保存为"案例 6"。

图 5-9　案例 6 的窗体视图

【思考】

图片的缩放模式有几种？它们的效果有什么不同？

实验案例 7

案例名称：常用控件案例 4

【实验目的】

(1) 掌握组合框控件和列表框控件常用属性的设置。

(2) 掌握组合框向导和列表框向导的使用。

【实验内容】

创建如图 5-10 所示的窗体。

【实验步骤】

(1) 新建一个窗体，窗体标题为"教师信息"，运行时自动居中，记录源为 Emp 表。

(2) 在窗体主体处添加一个矩形控件 Box1，背景样式为"透明"。

(3) 将"工号"和"姓名"两个字段从字段列表中拖到窗体中。

(4) 用组合框向导在窗体中添加一个组合框控件 Combo1，行来源类型为"值列表"，行来源为"男"和"女"，控件来源为"性别"字段，并将关联标签的标题设为"性别"。

(5) 用列表框向导在窗体中添加一个列表框控件 List1，行来源类型为"值列表"，行来源为"教授""副教授""讲师"和"助教"，控件来源为"职称"字段，并将关联标签的标题设为"职称"。

(6) 将窗体保存为"案例 7"。

【思考】

列表框/组合框的"行来源"属性和"控件来源"属性的区别是什么？

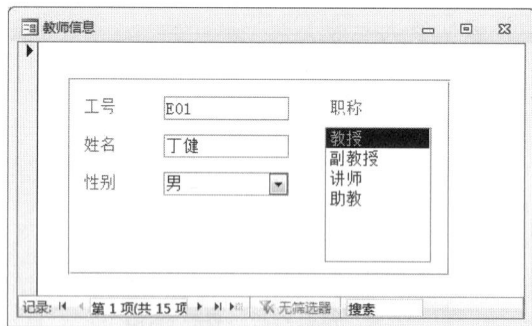

图 5-10　案例 7 的窗体视图

实验案例 8

案例名称：常用控件案例 5

【实验目的】

(1) 掌握列表框/组合框的 AddItem 方法和 RemoveItem 方法的使用。

(2) 掌握列表框/组合框的常用属性的使用。

【实验内容】

创建如图 5-11 所示的窗体。

【实验步骤】

(1) 新建一个窗体，窗体标题为"我爱吃水果"，无记录选择器，无导航按钮。

(2) 用列表框向导在窗体中添加一个列表框控件 List1，行来源类型为"值列表"，行来源为"香蕉""西瓜""榴莲""荔枝"和"苹果"，默认值为"西瓜"，并将关联标签删除。

(3) 在窗体中添加一个按钮控件 Command1，标题为"我爱吃"。

(4) 在窗体中添加一个列表框控件 List2，行来源类型为"值列表"，并将关联标签删除。

(5) 在 Command1 的单击事件中输入以下两行代码：List2.AddItem List1.Value 和 List1.RemoveItem List1.ListIndex。

(6) 将窗体保存为"案例 8"。

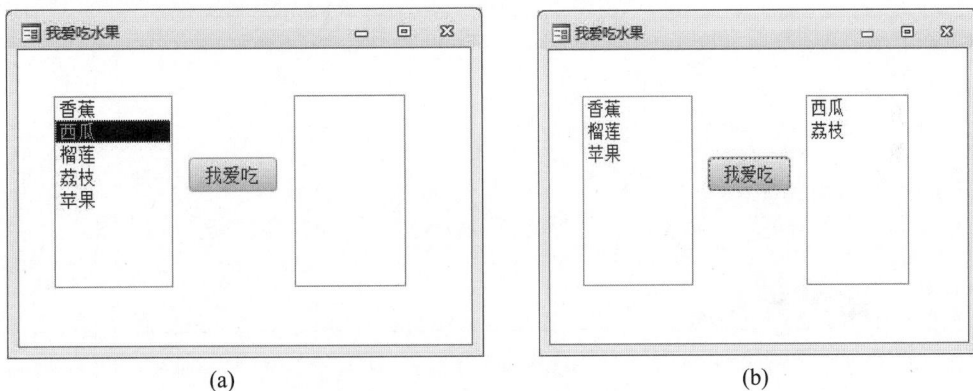

(a)　　　　　　　　　　　　　　　　(b)

图 5-11　案例 8 的窗体视图

第6章

报　表

6.1　知识要点

6.1.1　报表的作用及类型

1. 报表概述

报表(Report)用表格、图表等格式来显示数据，是数据库应用系统打印输出数据最主要的形式。用户通过报表设计视图可以调整每个对象的大小、外观等属性，按照需要的格式设计数据信息打印显示，最后通过报表预览视图查看结果或直接打印输出。报表对象的数据来源可以是表、查询或 SQL 语句，报表的主要作用是数据库数据加工处理后的打印输出，但不能修改数据来源的数据。

报表自上而下由报表页眉、页面页眉、主体、页面页脚和报表页脚 5 个节组成。有的时候需要将数据信息进行分组汇总，则增加组页眉和组页脚两个节。每个节在页面和报表中具有特定的顺序。

2. 报表的类型

Access 报表常见的有表格式报表、纵栏式报表、标签报表和图表报表 4 种类型。

(1) 表格式报表。表格式报表中的字段数据信息显示在报表的主体节，一行显示一条记录，字段名称显示在页面页眉节，表格式报表可以对记录进行分组汇总。

(2) 纵栏式报表。纵栏式报表以纵列方式显示一条记录的多个字段，每个字段信息显示在报表主体节的一行上，并且在字段数据的左边还有一个显示字段名称的标签，纵栏式报表可以同时显示多条记录。

(3) 标签报表。标签报表把一个打印页分割成多个规格、样式一致的区域，主要用于打印产品信息价格、书签、名片、信封及邀请函件。Access 通过标签报表向导创建标签报表。

(4) 图表报表。图表报表以直方图、饼图等图表的方式直观显示数据，Access 在报表设计视图中使用图表控件来创建图表报表。

3. 报表视图

Access 提供了报表视图、打印预览、布局视图、设计视图 4 种视图查看方式。通常使用设计视图创建报表，打印预览视图查看报表设计效果，并返回到设计视图修改报表，直到满足要求。

6.1.2　快速创建报表的方法

1. 使用"报表"按钮创建报表

使用"报表"按钮创建报表的操作步骤：

(1) 在"导航窗格"的"表"或"查询"分组中选择记录源。

(2) 单击"创建"选项卡，在"报表"组中单击"报表"按钮，完成基本报表的设计，此时系统进入报表布局视图，在布局视图下可以调整控件的大小，对齐等布局，也可以增加分组等信息。

(3) 切换至打印预览视图可查看报表输出效果。

2. 使用"空报表"按钮创建报表

使用"空报表"按钮创建报表的操作步骤：

(1) 单击"创建"选项卡，在"报表"组中单击"空报表"按钮，打开空报表的布局视图和"字段列表"窗格。

(2) 将"字段列表"窗格中记录源表的相应字段拖动到"布局视图"窗口的空白处，并进行大小位置等设置，即可完成报表的设计。单击"设计"选项卡"分组和汇总"组的"分组和排序按钮"，可以通过"分组、排序和汇总"窗格对记录进行分组统计的操作。

(3) 切换至打印预览视图可查看报表输出效果，切换至设计视图可对报表上的控件进行增加、删除和修改。

如果要创建纵栏式报表，在拖动第一个字段至布局视图的空白处后，单击"排列"选项卡下"表"组中的"堆积按钮"，然后依次将下一个字段拖动到上一个字段的下方，即可由表格式变换成纵栏式。

3. 使用"报表向导"创建报表

使用"报表向导"创建报表的操作步骤：

(1) 如果报表中含有来自多表的字段，请先建立报表记录源多表之间的联系。(此处假设表间联系已经建立)

(2) 单击"创建"选项卡下"报表"组的"报表向导"按钮，弹出"报表向导"对话框，在"表/查询"的列表框中选择表，在"可用字段"下拉列表框中依次选择报表所需字段，单击"下一步"按钮，进入"报表向导"的下一界面。

(3) 在"请确定查看数据的方式"列表框中选择"通过 XX(表名)"，右边的预览会显示记录数据分组的效果。选择不同的数据查看方式，记录分组的依据不同，最后数据展示的效果也是不同的。(注意：记录源来自单表的报表，则不会出现"请确定查看数据的方式："，而是跳过这一步直接进入下一步的设置。)确定了查看数据的方式后，单击"下一步"按钮，进入"报表向导"的下一界面。

(4) 在"是否添加分组级别？"对话框中双击某字段，即可对记录进行分组。记录源为多表的报表一般已经在上一步中进行了一次分组，此处就不需要对记录进行二次分组，但是记录源为单表的报表就可以在这一步对记录进行分组。单击下方的"分组选项"按钮可以设置分组间隔。然后单击"下一步"按钮，进入"报表向导"的下一界面。

(5) 在"请确定明细信息使用的排序次序和汇总信息："窗口中选择作为排序依据的字段，单击字段右侧的按钮可以设置以升序或降序进行排序，单击下方的"汇总选项"按钮，在弹出的"汇总选项"对话框中选择需要汇总计算的字段，可勾选"汇总""平均""最大""最小"复选框，单击"确定"按钮，关闭"汇总选项"对话框完成对汇总字段的操作，然后单击"下一步"按钮，进入"报表向导"的下一界面。

(6) 在"请确定报表的布局方式"窗口中设置报表的布局方式和打印方向，完成后单击"下一步"按钮，进入"报表向导"的下一界面。

(7) 在"请为报表确定标题"窗口中设置报表的标题，然后单击"完成"按钮，将切换至"打印预览"视图预览报表。

6.1.3 使用设计视图创建和编辑报表

"报表设计工具"选项组包含"设计""排列""格式""页面设置"4 个选项卡，每个选项卡页面各有若干组功能按钮，用于报表及其控件的设计。

1. 设计报表的主题和背景

(1) 报表节的设置。

Access 默认报表包含三个节：页面页眉、主体和页面页脚。在报表的任意一个节的空白处单击鼠标右键，选择"报表页眉/页脚""页面页眉/页脚"可以增加报表的节。单击"设计"选项卡中的"分组和汇总"下的"分组和排序"按钮可对报表记录数据进行分组，并对报表增加组页眉和组页脚。

鼠标移动到节的底部或空白处的最右端，此时鼠标变成十字形状，按住鼠标左键不松开进行拖动可更改节的高度和宽度。通过属性窗口可为每个节设置不同的背景颜色、高度、可见性等。

(2) 报表的主题设置。

"设计"选项卡下的"主题"组提供了"主题""颜色"和"字体"三个按钮，用于设置报表的外观、颜色等格式。

(3) 设置报表背景图片。

通过设置报表的图片属性或单击"报表设计工具"选项组中的"格式"选项卡下的"背景"组的"背景图像"按钮，设置背景图片的路径和文件名，为报表指定背景图片。

2. 报表的记录源和控件设置

在报表的"属性表"窗格中设置"记录源"属性，可以设置已有的表或查询作为报表的记录源，或者单击"记录源"属性右边的省略号按钮，为报表创建一个新的查询作为记录源。

"报表设计工具"选项组"设计"选项卡下的"控件"工具组提供了一组可供报表设计使用的控件，这些控件的设计和属性设置的方法和窗体控件是一样的，同样也分为绑定型控件、非绑定型控件和计算型控件。

3. 为报表添加日期时间、页码和分页符

(1) 添加日期和时间。

在报表设计视图下，单击"设计"选项卡的"页眉/页脚"组，单击"日期和时间"按钮，弹出"日期和时间"对话框，用户可选择需要的日期和时间的显示格式，完成选择后单击"确定按钮"，此时 Access 会自动在报表的报表页眉节上添加日期和时间。

如需要在报表的其他节来显示日期和时间，我们可以在该节上添加一个文本框，然后设置该文本框"控件来源"属性 "=Date()"，设置"格式"属性，设定日期和时间的显示格式。

(2) 添加页码。

在"设计"选项卡的"页眉/页脚"组，单击"页码"按钮，弹出"页码"对话框，设置完成后 Access 会自动在报表的页面页眉节或页面页脚节上添加页码。

(3) 添加分页符。

在报表打印输出时，若某一页内容需要分成几页来打印，此时可以在需要分页打印处添加分页符。为报表添加分页符的操作如下。

① 在"设计"选项卡的"控件"组，单击"分页符"按钮。

② 单击报表需要分页打印处，此时该处最左边会出现一个"虚线"图标，完成分页设置。

4. 利用矩形框和线条控件为报表绘制装饰线和表格

在"设计"选项卡的"控件"组中有矩形框和线控件，可以利用这些控件及其属性的设置，在报表需要的节位置进行添加绘制。

5. 使用设计视图创建报表

使用报表设计视图创建报表的操作步骤：

(1) 单击"创建"选项卡，在"报表"选项组中单击"报表设计"按钮，创建一个空白报表并进入报表设计视图。

(2) 打开报表的"属性表"窗格，设置"记录源"属性，可选择表或查询作为报表的记录源。单击"记录源"属性最右边的省略号按钮进入到"查询生成器"界面，创建一个新查询作为报表的记录源。

(3) 单击"设计"选项卡，在"工具"组单击"添加现有字段"按钮，弹出"字段列表"窗格，将报表所需字段依次拖动到报表的主体节上，主体节会自动产生若干带关联标签的与字段绑定的文本框控件，可设置文本框控件的字体、字号、边框样式等属性；利用

"排列"选项卡的"调整大小和排序"组中的"大小/空格"和 "对齐"调整控件的位置。

(4) 在"设计"选项卡的"控件"组选择"标签"控件，添加对应的标签控件到页面页眉节上，设置标签的标题属性为相应的字段名，设置标签控件的字体、字号、边框样式等属性；利用"排列"选项卡的"调整大小和排序"组中的"大小/空格"和 "对齐"下拉菜单调整标签控件的位置和大小。

(5) 在"设计"选项卡的"页面/页脚"组，单击"标题"按钮，报表会自动增加报表页眉节和报表页脚节，在报表页眉节的标签控件中输入"学生成绩信息"作为报表的标题。

(6) 在"设计"选项卡的"控件"组单击"文本框"控件，在报表需要的节处(如报表页眉节)添加一个文本框控件，设置控件来源属性为=Date()。

(7) 在"设计"选项卡的"页眉/页脚"组，单击"页码"按钮，弹出"页码"对话框添加页码信息。

(8) 调整各个节的高度，以合适的空间容纳放置在节中的空间。单击"保存"按钮，输入报表名称保存报表。

6. 报表的分组、排序和汇总

(1) 报表的排序。

为报表指定"排序"规则的操作步骤：

① 单击"设计"选项卡"分组和汇总"组的"排序和分组"按钮，报表设计视图最下方出现 "分组、排序和汇总"窗格。

② 单击"添加排序"按钮，出现"字段列表"窗格，单击需要设置为排序依据的字段(单击"表达式"会打开表达式生成器，设置表达式作为记录的排序依据)。Access 允许通过多次单击"选择排序"按钮设置多个字段或表达式作为记录排序的依据。排序的优先级别是第一行为最高，第二行次之，以此类推。

③ 设置好排序依据的字段或表达式，默认是按"升序"记录按设置规则由低到高排列，单击"升序"下拉列表可将"升序"改为"降序"，则记录按设置规则由高到低排列。

④ 默认排序依据的字段比较大小是按"整个值"，单击"按整个值"下拉列表可设置排序的依据按字段值的其他形式进行比较。

(2) 报表的分组。

报表设计时通常需要根据按字段的值是否相等将记录分成若干组，以便进行数据的汇总计算。Access 报表分组的操作步骤：

① 单击"设计"选项卡"分组和汇总"组的"排序和分组"按钮，在"排序、分组和汇总"窗格中单击"添加组"按钮，出现"字段列表"窗格，单击需要设置为分组依据的字段(单击"表达式"会打开表达式生成器，设置表达式作为记录的分组依据)。Access 允许通过多次单击"添加组"按钮设置多个字段或表达式作为记录多次分组的依据。

② 单击"无汇总"下拉列表，出现"汇总"窗格，在"汇总方式"的下拉列表框设置需要计算的字段；"类型"下拉列表框选择计算公式，如合计、平均值、最大值、最小值等。

③ 单击"无页眉节""无页脚节"下拉列表可变为"有页眉节"或"有页脚节"，此时报表增加组页眉节或组页脚节。

④ 单击"将不同组放在同一页上"下拉列表，设置分组记录在页的显示方式。

⑤ 单击"添加排序",设置分组记录的排序依据。

(3) 在报表中使用"计算型"控件进行汇总计算。

① 在主体节中增加文本框控件,用于对报表记录的横向计算,即对每一条记录的不同字段进行计算。主体节增加一个文本框控件,设置"控件来源属性"为"=计算表达式"。

② 在组页眉/组页脚节、页面页眉/页面页脚节、报表页眉/报表页脚节添加计算型控件,一般用于对一组记录、一页记录、所有记录的某些字段进行求和、计数、平均值、最大值、最小值计算,这个计算一般是对报表字段的纵向数据进行统计计算。

6.1.4　创建图表报表和标签报表

1. 创建图表报表

使用"图表"控件创建图表报表的操作步骤:

(1) 单击"创建"选项卡,在"报表"组中单击"报表设计"按钮,打开一张空报表。

(2) 在"设计"选项卡中选择"控件"组中的图表控件,并添加到报表的主体节上。

(3) 在弹出的"图表向导"窗口中,在"请选择用于创建图表的表或查询"下拉列表框中选择记录源。

(4) 单击"下一步"按钮,弹出"选定字段"对话框选择以图表形式显示的字段。

(5) 单击"下一步"按钮,弹出"选择图形类型"选择直方图、折线图、饼图等图表类型。

(6) 单击"下一步"按钮,弹出"图表布局"对话框对图表布局进行设置。

(7) 单击"下一步"按钮,弹出对话框,"指定图表的标题"中可输入报表标题,并设置是否显示图例。

(8) 单击"完成"按钮,预览报表。

(9) 如需对图表进一步设计,可切换至设计视图,在设计视图下直接双击图表对象也可以进入编辑状态,鼠标右键单击图表,在弹出的快捷菜单中选择"图表选项",出现"图表选项"对话框,可对图表的标题、图例、数据标签进行设置。

2. 创建标签报表

使用标签向导创建标签报表的操作步骤:

(1) 在"导航窗格"的"表"分组中选择报表记录源(表或查询)。

(2) 打开"创建"选项卡,在"报表"组中单击"标签"按钮,在弹出的标签向导中首先对标签的型号、尺寸、度量单位、送纸方式进行设置。

(3) 单击"下一步",在弹出的对话框中对标签报表文本的字体、字号、粗细、颜色和字形进行设置。

(4) 单击"下一步"按钮,在弹出的对话框中完成原型标签的设计:在"原型标签"输入要显示的字段标题并选择相应字段。其中{字段}中的字段是从"可用字段"列表框中选择的字段,"字段名:"需要报表设计人员自行输入。

(5) 单击"下一步"按钮,设置标签记录的排序依据。

(6) 单击"下一步"按钮,设置标签报表的名称。

(7) 单击"完成"按钮，预览报表。

6.1.5 报表的导出

Access 提供将报表导出为 PDF 或 XPS 文件格式的功能，这些文件保留原始报表的布局和格式，以便其他用户可以在脱离 Access 环境下查阅报表信息。此外，Access 还可以将报表导出为 Excel 文件、文本文件、XML 文件、HTML 文档等。

将报表导出为 PDF 文件的操作步骤如下。

(1) 打开数据库，在导航窗格下展开报表对象列表。

(2) 单击选择"报表"对象列表中要导出的报表。

(3) 单击"外部数据"选项卡，在"导出"组中单击"PDF 或 XPS"按钮。

(4) 在"发布为 PDF 或 XPS"对话框中设置文件保存位置、文件名、文件类型，选择保存类型为"PDF(*.pdf)"。

(5) 单击"发布"按钮，完成操作后，在步骤(4)指定的路径下可以找到报表导出的 PDF 文件。

6.2 思考与练习

6.2.1 选择题

1. 下列关于报表的叙述中，正确的是(　　)。
   A. 报表只能输入数据 　　　　　　　　B. 报表只能输出数据
   C. 报表可以输入和输出数据 　　　　　D. 报表不能输入和输出数据

2. 在报表设计过程中，不适合添加的控件是(　　)。
   A. 标签控件 　　　　　　　　　　　　B. 图形控件
   C. 文本框控件 　　　　　　　　　　　D. 选项组控件

3. 要实现报表按某字段分组统计输出，需要设置的是(　　)。
   A. 报表页脚　　　　B. 该字段的组页脚　　　　C. 主体　　　　D. 页面页脚

4. 在报表中要显示格式为"共 N 页，第 N 页"的页码，正确的页码格式设置是(　　)。
   A. = "共" + Pages + "页，第" + Page + "页"
   B. = "共" + [Pages] + "页，第" + [Page] + "页"
   C. = "共" & Pages & "页，第" & Page & "页"
   D. = "共" & [Pages] & "页，第" & [Page] & "页"

5. 在报表的视图中，既能够预览显示结果，又能够对控件进行调整的视图是(　　)。
   A. 设计视图 　　　　　　　　　　　　B. 报表视图
   C. 布局视图 　　　　　　　　　　　　D. 打印视图

6. 在报表中,要计算"数学"字段的最低分,应将控件的"控件来源"属性设置为(　　)。

　　A. = Min([数学])　　　　　　　　　　B. = Min(数学)

　　C. = Min[数学]　　　　　　　　　　　D. Min(数学)

7. 报表的作用不包括(　　)。

　　A. 分组数据　　　　　　　　　　　B. 汇总数据

　　C. 格式化数据　　　　　　　　　　D. 输入数据

8. 报表的数据源不能是(　　)。

　　A. 表　　　　　　B. 查询　　　　　C. SQL 语句　　　　　D. 窗体

9. 报表页眉的作用是(　　)。

　　A. 显示报表中数据的字段名　　　　B. 显示报表的标题、图形或说明性文字

　　C. 显示本页的汇总说明　　　　　　D. 显示记录的分组名

10. 下列选项中,可以在报表设计时作为绑定控件显示字段数据的是(　　)。

　　A. 文本框　　　　B. 标签　　　　　C. 图像　　　　　　　D. 选项卡

11. 在一份报表中,设计内容只出现一次的区域是(　　)。

　　A. 报表页眉　　　B. 页面页眉　　　C. 主体　　　　　　　D. 页面页脚

12. 如果要显示的记录和字段较多,并且希望可以同时浏览多条记录以方便比较相同字段,则应创建的报表类型是(　　)。

　　A. 纵栏式　　　　B. 标签式　　　　C. 表格式　　　　　　D. 图表式

13. 报表的分组统计信息显示于(　　)。

　　A. 报表页眉或报表页脚　　　　　　B. 页面页眉或页面页脚

　　C. 组页眉或组页脚　　　　　　　　D. 主体

14. 在基于"学生表"的报表中按"班级"分组,并设置一个文本框控件,控件来源属性设置为"=Count(*)",关于该文本框的说法中,正确的是(　　)。

　　A. 文本框如果位于页面页眉,则输出本页记录总数

　　B. 文本框如果位于班级页眉,则输出本班记录总数

　　C. 文本框如果位于页面页脚,则输出本班记录总数

　　D. 文本框如果位于报表页脚,则输出本页记录总数

15. Access 中对报表进行操作的视图有(　　)。

　　A. 报表视图、打印预览、透视报表和布局视图

　　B. 工具视图、布局视图、透视报表和设计视图

　　C. 打印预览、工具报表、布局视图和设计视图

　　D. 报表视图、打印预览、布局视图和设计视图

16. Access 中,使用自动创建方式可以创建(　　)。

　　A. 图表报表和纵栏式报表　　　　　B. 表格式报表和纵栏式报表

　　C. 标签报表和纵栏式报表　　　　　D. 图表报表和标签报表

17. 要在报表的最后一页底部输出信息,应设置的是(　　)。

　　A. 报表页眉　　　　　　　　　　　B. 页面页脚

　　C. 报表页脚　　　　　　　　　　　D. 报表主体

18. 要指定在报表每一页的底部都输出内容，需要设置(　　)。

    A. 报表页脚   B. 页面页脚

    C. 组页脚   D. 页面页眉

19. 在报表的组页脚区域中要实现计数统计，可以在文本框中使用函数(　　)。

    A. Max   B. Sum   C. Avg   D. Count

20. 下列叙述中，正确的是(　　)。

    A. 在窗体和报表中均不能设置组页眉

    B. 在窗体和报表中均可以根据需要设置组页眉

    C. 在窗体中可以设置组页眉，在报表中不能设置组页眉

    D. 在窗体中不能设置组页眉，在报表中可以设置组页眉

21. 下列选项中，在报表"设计视图"工具栏中有，而在窗体"设计视图"中没有的按钮是(　　)。

    A. 代码   B. 字段列表   C. 工具箱   D. 排序与分组

22. 每张报表可以有不同的节，一张报表至少要包含的节是(　　)。

    A. 主体节   B. 报表页眉和报表页脚

    C. 组页眉和组页脚   D. 页面页眉和页面页脚

6.2.2　简答题

1. 报表的组成有哪些部分？每个部分有什么作用？

2. 报表的视图有哪些？每个视图的作用是什么？

3. 报表的作用是什么？报表的数据来源有哪些？

4. 报表的类型有哪些？

5. 报表和窗体的区别？

6. 报表创建的方法有哪些？各自有什么特点？

7. 在报表中如何实现排序、分组和汇总？

8. 如何在报表中添加或删除报表页眉/报表页脚？

6.3　实验案例

实验案例 1

案例名称：使用"空报表"创建报表

【实验目的】

掌握使用"空报表"创建纵栏式报表的步骤和方法。

【实验内容】

打开"教务管理.accdb"数据库文件，按要求完成以下操作：

以 Emp 表为记录源，使用"空报表"创建名为"教师信息"的纵栏式报表，报表打印预览效果如图 6-1 所示。(提示：默认"空报表"创建的是表格式报表，通过"排列"选项卡"表"组的"堆积"按钮可更改为纵栏式报表)

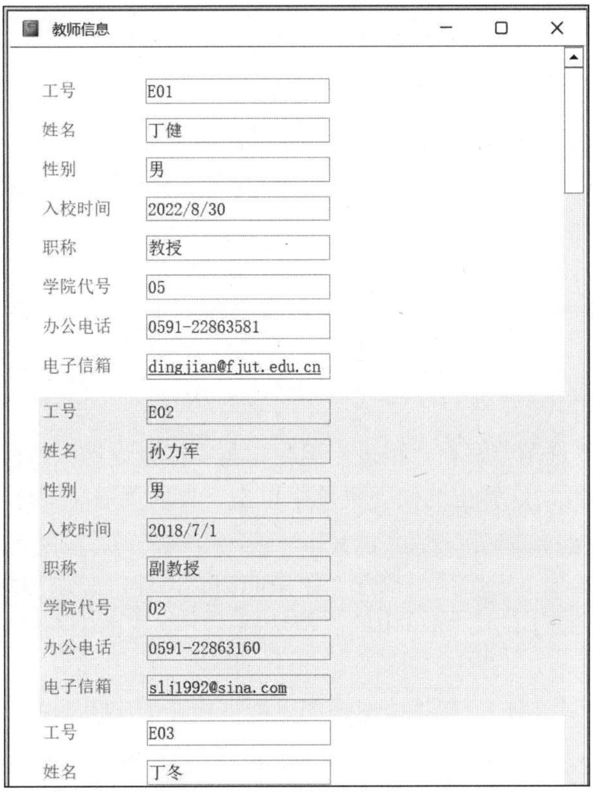

图 6-1 "教师信息"报表预览

【实验步骤】

略。

实验案例 2

案例名称：创建图表报表

【实验目的】

掌握使用"图表"控件创建图表报表的步骤和方法。

【实验内容】

打开"教务管理.accdb"数据库文件，按要求完成以下操作：

以 Stu 表为记录源，使用"图表"控件创建名为"各地学生生源比例"的图表报表，报表打印预览效果如图 6-2 所示，要求显示百分比和图例。

图 6-2 "各地学生生源比例"报表预览

【实验步骤】

(1) 单击"创建"选项卡,在"报表"组中单击"报表设计"按钮,打开一张空报表,右键单击报表任意位置,在弹出的快捷菜单中单击"页面页眉/页脚",取消页面页眉和页面页脚节。

(2) 在"设计"选项卡中选择"控件"组中的图表控件,并添加到报表的主体节上。

(3) 在弹出的"图表向导"窗口中的"请选择用于创建图表的表或查询"下拉列表框中选择 Stu 表。

(4) 单击"下一步"按钮,在"请选择图表数据所在的字段"窗口双击选择"生源地"字段。

(5) 单击"下一步"按钮,在"请选择图表的类型"中选择"三维饼图"图表类型。

(6) 单击"下一步"按钮,弹出"图表布局"对话框,使用默认设置,不做任何改变。

(7) 单击"下一步"按钮,弹出对话框,在"请指定图表的标题"中输入报表标题"各地学生生源比例",并设置显示图例。

(8) 单击"完成"按钮,预览报表。

(9) 切换至设计视图,双击图表对象进入图表编辑状态。鼠标右键点击图表,在弹出的快捷菜单中选择"图表选项",出现"图表选项"对话框,在"数据标签"选项卡中勾选"百分比"复选框,完成设置后保存报表,切换至打印预览视图预览报表。

实验案例 3

案例名称:使用报表向导创建报表

【实验目的】

掌握使用"报表向导"创建报表的步骤和方法。

【实验内容】

(1) 创建"学院教师授课信息"查询，以 Emp、Dept、Course 表为数据源，所需字段及设计内容如图 6-3 所示。

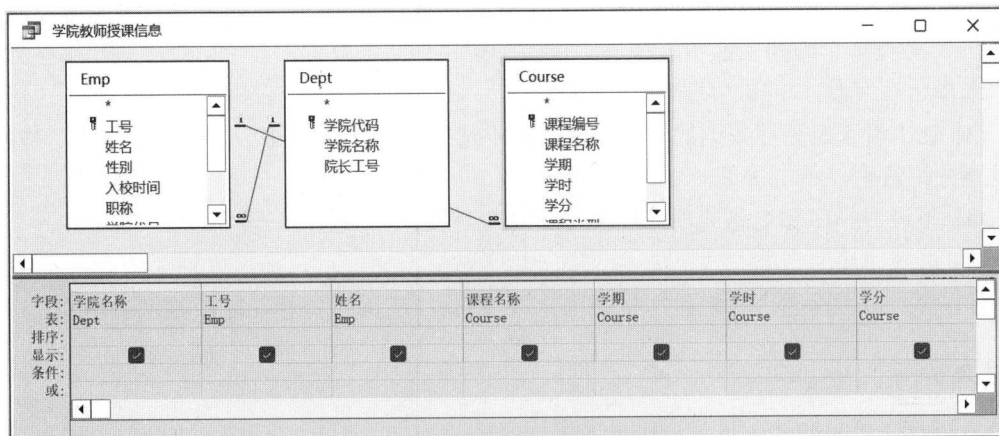

图 6-3　"学院教师授课信息"查询

(2) 以"学院教师授课信息"查询为记录源，使用报表向导创建"学院教师授课信息"报表，打印预览效果如图 6-4 所示。

图 6-4　"学院教师授课信息"报表打印预览

【实验步骤】

(1) 以 Emp、Dept、Course 表为数据源创建"学院教师授课信息"查询,依次显示学院名称、工号、姓名、课程名称、学期、学时、学分字段。

(2) 单击"创建"选项卡下"报表"组的"报表向导"按钮,弹出"报表向导"对话框,在"表/查询"的列表框中选择"学院教师授课信息"查询,在"可用字段"下拉列表框中选择所有字段,单击"下一步"按钮。

(3) 在"请确定查看数据的方式"列表框中选择"通过:Dept"。单击"下一步"按钮,不设置分组级别,单击"下一步"按钮。

(4) 不设置排序和汇总选项,单击"下一步"按钮。

(5) 选择"块"布局方式,单击"下一步"按钮。

(6) 输入报表标题"学院教师授课信息",单击"完成"按钮,完成报表的创建。

实验案例 4

案例名称:使用设计视图创建报表

【实验目的】

掌握使用报表设计视图创建和编辑报表的方法,通过添加控件、设置报表的各种属性设计或编辑报表的布局和外观,掌握使用设计视图的"排序、分组和汇总"设计分类汇总报表。

【实验内容】

(1) 打开"教务管理.accdb"数据库文件,以 Stu、Grade、Course 表为数据源,创建"学生课程成绩"查询,所需字段及设计内容如图 6-5 所示,按课程名称升序排序,总评成绩格式属性为"固定",小数位数为1(鼠标右键单击"字段:"行的总评成绩字段,弹出字段的"属性表"窗格,设置该字段的相关属性)。

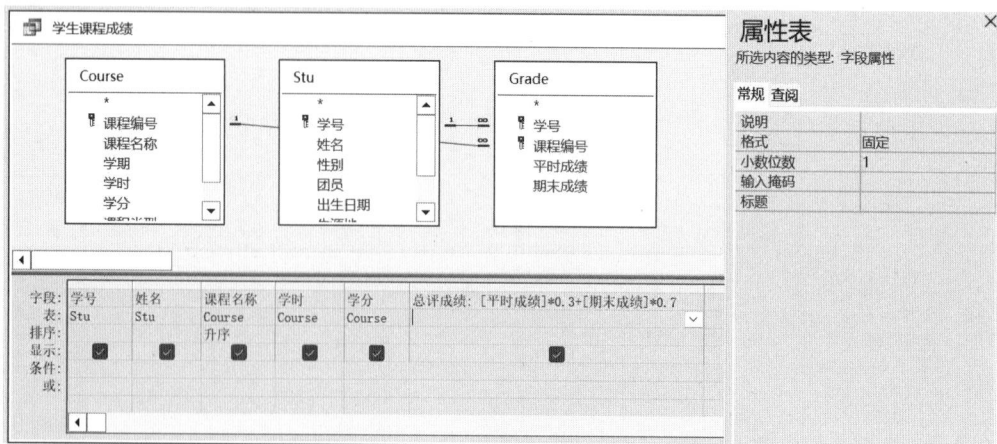

图 6-5 "学生课程成绩"查询设计

(2) 使用"报表设计"创建一个名为"课程总评成绩汇总"的空白报表,设置"学生课程成绩"查询为报表的记录源(也可在报表的记录源属性中使用查询生成器创建查询作为记录源)，将报表设计为如图 6-6 所示样式。

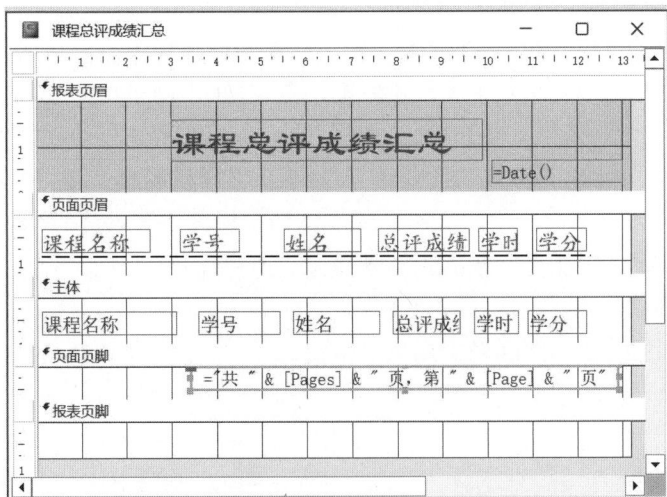

图 6-6　"课程总评成绩汇总"报表设计视图

(3) 为报表设计增加按"课程名称"分组、计算各课程的总分。

【实验步骤】

(1) 以 Stu、Grade、Course 表为数据源，创建"学生课程成绩"查询，所需字段及设计内容如图 6-5 所示。

(2) 单击"创建"选项卡，在"报表"选项组中单击"报表设计"按钮，创建一个空白报表并进入报表设计视图，添加"报表页眉/报表页脚"节。

(3) 打开报表的"属性表"窗格，设置"记录源"属性，选择"学生课程成绩"查询作为报表的记录源。

(4) 打开报表的"字段列表"窗格，依次将课程名称、学号、姓名、总评成绩、学时、学分字段拖动到主体节，自动创建绑定控件，设置主体节所有的文本框字体为"宋体"，字号为 12，背景样式为"透明"，边框样式为"透明"，使用"排列"选项卡的"调整大小和排序"组中的工具，调整文本框控件的大小和位置，如图 6-6 所示。

(5) 将文本框关联的 6 个标签控件剪切到页面页眉节，设定所有的标签字体为"楷体"、字号为 14；添加一个线条控件，高度为 0cm、边框样式为"虚线"、边框宽度为 1pt；使用"排列"选项卡的"调整大小和排序"组中的工具，调整各控件的大小和位置，如图 6-6 所示。

(6) 在报表页眉节添加一个标题为"课程总评成绩汇总"的标签控件，字体为"隶书"、字号为 22；添加一个文本框控件，控件来源属性设置为"=Date()"、格式属性为"长日期"、背景样式为"透明"、边框样式为"透明"；删除文本框的自动标签。

(7) 在页面页脚节插入如图 6-6 所示的页码，格式为"第 N 页，共 M 页"、位置为"页面底端(页脚)"、对齐方式为"居中"。

(8) 调整各节的高度至合适。

(9) 保存报表，报表名为"课程总评成绩汇总"。

设计完成后的报表打印预览(部分)如图 6-7 所示。

为报表设计增加分组、汇总计算。

(10) 打开刚完成的"课程总评成绩汇总"报表的设计视图。

(11) 单击"报表设计"选项卡中"分组和汇总"组的"排序和分组"按钮,在 [≡ 添加组 中添加"课程名称"为分组依据,将主体的"课程名称"文本框剪切移动至"课程名称页眉"节。

(12) 在"更多"设置中设置"有页脚节",并在"课程名称页脚"节添加文本框控件,计算每门课程的总评成绩平均分,文本框的控件来源属性设置为"=Avg([总评成绩])"。

(13) 在 ↓ 添加排序 中添加排序依据为总评成绩、降序排序。

(14) 调整各节和各控件的位置和外观。

设计完成后打印预览如图 6-8 所示。

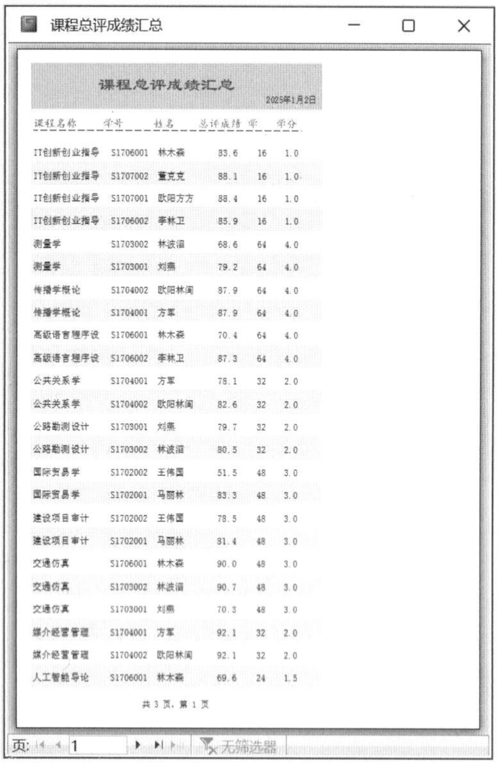

图 6-7 "课程总评成绩汇总"报表预览	图 6-8 "课程总评成绩汇总"报表分组汇总后预览

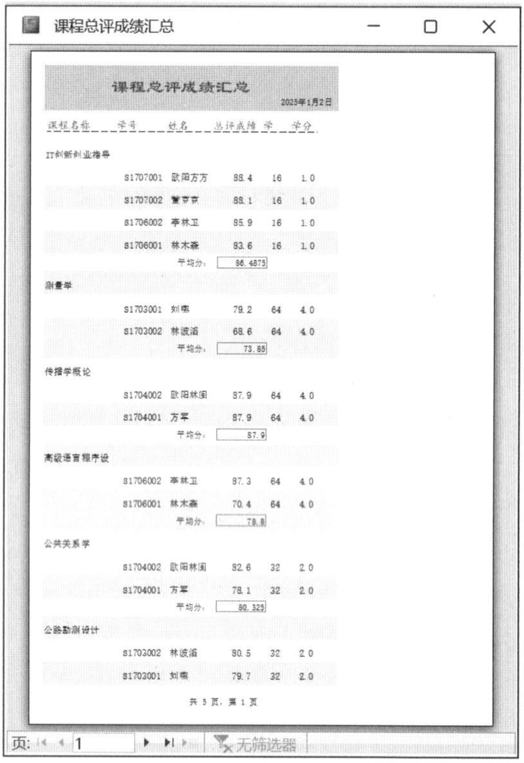

实验案例 5

案例名称:设计多列报表

【实验目的】

本章例题或实验练习中,无论是表格式报表还是纵栏式报表,都是单列报表。有时候需要多列显示在一页报表打印,一张报表分列打印多栏数据(以节省纸张)。本实验案例用于拓展学习将单列报表转换为多列报表的方法。

【实验内容】

(1) 使用报表设计视图设计如图 6-9 所示的名为 Grade 的报表，报表记录源为 Grade 表。

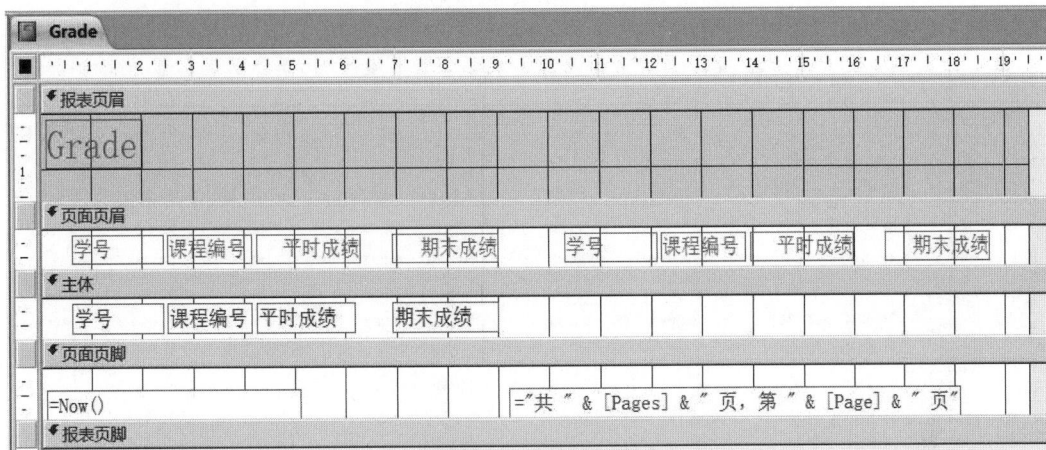

图 6-9　Grade 报表设计

(2) 在"页面设置"选项卡的"页面布局"组中单击"列"按钮，弹出如图 6-10 所示的"页面设置"对话框。

图 6-10　"页面设置"对话框

(3) 单击"列"选项卡，在"网格设置"中可设置多列报表的列数，在"列尺寸"中可设置多列报表中每一列记录数据显示的宽度，在"列布局"中可设置记录显示的顺序。本实验案例设置列数为 2，每列的宽度为 9.28cm，记录显示顺序为"先行后列"。完成操作后保存报表，多列报表打印预览，如图 6-11 所示。

Grade

学号	课程编号	平时成绩	期末成绩	学号	课程编号	平时成绩	期末成绩
S1701001	C0101	76.00	80.00	S1701001	C0102	82.50	86.00
S1701001	C0103	75.00	80.00	S1701002	C0101	85.00	75.00
S1701002	C0102	90.00	93.00	S1701002	C0103	66.00	58.00
S1702001	C0201	77.00	86.50	S1702001	C0202	84.00	83.00
S1702001	C0203	75.00	78.00	S1702001	C0204	87.00	79.00
S1702002	C0201	92.00	85.00	S1702002	C0202	55.00	50.00
S1702002	C0203	68.00	70.00	S1702002	C0204	75.00	80.00
S1703001	C0301	68.00	62.00	S1703001	C0302	83.00	77.50
S1703001	C0303	73.00	82.50	S1703001	C0304	72.00	69.50
S1703002	C0301	85.50	88.00	S1703002	C0302	74.50	66.00
S1703002	C0303	85.00	78.50	S1703002	C0304	90.00	91.00
S1704001	C0401	77.50	90.00	S1704001	C0402	83.00	76.00
S1704001	C0403	93.00	90.00	S1704001	C0404	75.00	56.00
S1704001	C0405	86.50	88.50	S1704001	C0406	90.00	93.00
S1704002	C0401	85.00	89.00	S1704002	C0402	81.50	83.00
S1704002	C0403	90.00	91.50	S1704002	C0404	85.00	78.00
S1704002	C0405	86.50	88.50	S1704002	C0406	90.00	93.00

页: 1　　　　无筛选

图 6-11　多列报表打印预览

第7章

宏

7.1 知识要点

7.1.1 宏的作用及类型

1. 宏的概述

宏(Macro)指的是能被自动执行的一组宏操作，利用它可以增强对数据库中数据的操作能力。宏中包含的每个操作都有名称，是系统提供、由用户选择的操作命令，名称不能修改。这些命令由 Access 自身定义。

一个宏中的多个操作命令在运行时按先后次序执行，如果宏中设计了条件，则操作会根据对应设置的条件决定能否执行。

常见的宏操作命令参见附录 C。

2. 宏的类型

(1) 独立宏。独立宏即数据库中的宏对象，其独立于其他数据库对象，被显示在导航窗格的"宏"组下。

(2) 嵌入宏。嵌入宏指附加在窗体、报表或其中的控件上的宏。嵌入宏通常被嵌入到所在的窗体或报表中，成为这些对象的一部分，由有关事件触发，如按钮的 Click 事件。嵌入宏没有显示在导航窗格的宏对象下。

(3) 数据宏。数据宏指在表上创建的宏。当在表中插入、删除和更新数据时将触发数据宏。数据宏也没有显示在导航窗格的宏对象下。

7.1.2 宏的设计与运行

1. 使用"宏"按钮创建独立宏

使用"宏"按钮创建独立宏的操作步骤：

(1) 单击"创建"选项卡，在"宏与代码"组中单击"宏"按钮，打开宏设计视图。

(2) 单击"设计"选项卡中"显示/隐藏"组的"操作目录"按钮，关闭"操作目录"窗格。

(3) 在"添加新操作"中按设计目的依次选择相应的程序流程和操作添加到设计视图中。

(4) 设置每个宏操作所需参数。

(5) 保存并运行宏。

2. 嵌入宏的设计

嵌入宏是嵌入在窗体、报表或其控件的事件属性中的宏，它的创建不直接通过"创建"选项卡。

设计嵌入宏的操作步骤：

(1) 打开窗体或报表的设计视图，在需要设计嵌入宏的控件的"属性表"窗格中选择相应事件右边的省略号按钮，在弹出的"选择生成器"对话框中选择"宏生成器"，进入宏设计视图。

(2) 在"添加新操作"中按设计目的依次选择相应的程序流程和操作添加到设计视图中。

(3) 设置每个宏操作所需参数。

(4) 保存宏，但不能直接运行，只有相应控件的事件被触发，嵌入宏才被执行。

3. 宏的运行

(1) 独立宏的运行。

方法1：在宏设计视图中，单击"设计"选项卡"工具"组中的"运行"按钮，可以直接运行已经设计好的当前宏。

方法2：双击导航窗格上宏列表中的宏名可以直接运行该独立宏。

方法3：在 Access 主窗口中单击"数据库工具"选项卡"宏"组中的"运行宏"按钮，打开"执行宏"对话框，直接在下拉列表中选择要执行的宏的名称或输入宏名，然后单击"确定"按钮，即可运行指定的宏。

方法4：在其他宏中使用 RunMacro 宏操作间接运行另一个已命名的宏。

(2) 嵌入宏的运行。

导航窗格的"宏"列表下不显示嵌入宏。通过触发窗体、报表和按钮等对象的事件(如加载 Load 或单击 Click)来运行嵌入宏。

7.1.3 使用宏创建菜单

在 Access 中，设计菜单使用宏来实现，而菜单系统本身也是依靠宏来运行的。创建菜单使用 AddMenu 操作。

1. 自定义功能区菜单设计

使用宏为特定窗体或报表创建自定义功能区菜单的一般步骤如下。

(1) 创建一个主菜单宏，由若干个 AddMenu 操作组成，每个 AddMenu 操作对应一个主菜单项，并指定一个子菜单宏为该主菜单项定义子菜单。

(2) 分别为每个子菜单创建子菜单宏，子菜单宏由若干个子宏组成，每个子宏对应一个子菜单项，子宏的宏操作表示子菜单项的功能。

(3) 将自定义功能区菜单加载到特定窗体或报表的功能区。

2. 定义快捷菜单的设计

(1) 创建一个快捷菜单宏，方法与上述介绍的子菜单宏的创建方法相同。

(2) 创建一个用于打开快捷菜单的宏，只需包含 1 个 AddMenu 操作，"菜单宏名称"指定为上一步中创建的快捷菜单宏的名称。

(3) 将自定义快捷菜单加载到特定对象中。

7.2 思考与练习

7.2.1 选择题

1. 宏中的每个操作命令都有名称，这些名称(　　)。
   A. 可以更改　　　　　　　　　　　　B. 不能更改
   C. 部分能更改　　　　　　　　　　　D. 能调用外部命令进行更改

2. 用于打开窗体的宏命令是(　　)。
   A. OpenForm　　　　　　　　　　　　B. OpenReport
   C. OpenQuery　　　　　　　　　　　D. OpenTable

3. 下列宏命令中，(　　)是设置字段、控件或属性的值。
   A. SetLocalVar　　　　　　　　　　B. AddMenu
   C. SetProperty　　　　　　　　　　D. RunApp

4. 退出 Access 的宏命令是(　　)。
   A. StopMacro　　　　　　　　　　　B. QuitAccess
   C. Cancel　　　　　　　　　　　　　D. CloseWindow

5. 下列对宏组描述正确的是(　　)。
   A. 宏组里只能有两个宏
   B. 宏组中每个宏都有宏名
   C. 宏组中的宏用"宏组名！宏名"来引用
   D. 运行宏组名时宏组中的宏依次被运行

6. 自动运行宏必须命名为(　　　)。

    A. AutoRun   B. AutoExec   C. RunMac   D. AutoMac

7. 下列关于宏的叙述中，错误的是(　　　)。

    A. 宏是能被自动执行的操作或操作的集合

    B. 构成宏的基本操作也叫宏操作

    C. 宏的主要功能是使操作自动进行

    D. 嵌入宏是在导航窗格上列出的宏对象

8. (　　　)才能执行宏操作。

    A. 创建宏   B. 编辑宏   C. 运行宏   D. 删除宏

9. 要限制宏命令的操作范围，可以在创建宏时定义(　　　)。

    A. 宏名称   B. 宏条件表达式   C. 宏操作对象   D. 宏操作目标

10. 在 Access 系统中，宏是按(　　　)调用的。

    A. 名称   B. 变量   C. 编码   D. 关键字

11. 下列关于 AddMenu 的叙述中，错误的是(　　　)。

    A. 一个 AddMenu 对应一个主菜单项

    B. "菜单名称"参数用来定义主菜单项名称

    C. "菜单宏名称"参数总与"菜单名称"参数同值

    D. "状态栏文字"参数用来定义选择该菜单项时在状态行上显示的提示文本

12. 使用宏创建自定义快捷菜单时，需定义一个包含(　　　)个 AddMenu 操作的宏，用来打开快捷菜单。

    A. 0 个   B. 1 个

    C. 任意设置   D. 由菜单项的数目决定

13. 创建子菜单宏时，可以在子宏的(　　　)中为菜单项设置访问键。

    A. 注释   B. 操作参数   C. 操作   D. 名称

7.2.2　简答题

1. 什么是宏？宏的作用是什么？

2. 什么是宏组？如何引用宏组中的宏？

3. 请说明嵌入宏与独立宏的区别。

4. 使用什么宏可在首次打开数据库时自动执行一个或一系列的操作？

5. 如何运行宏？

6. 宏操作 AddMenu 在创建自定义菜单中起到什么作用？

7.3 实验案例

实验案例 1

案例名称：创建宏组

【实验目的】

掌握创建宏组的方法，并能够运行和调试所创建的宏。

【实验内容】

创建一个宏组，添加一个子宏 CourseForm，作用是弹出一个消息框，提示信息为"下面将显示课程信息浏览窗体！"，单击"确定"按钮，将显示《案例教程》例 5-3 中创建的窗体。再添加一个子宏 StuGrade，作用是弹出一个消息框，提示信息为"下面将显示学生学习情况信息！"，单击"确定"按钮，将显示《案例教程》例 5-5 中创建的主/子窗体。

【实验步骤】

(1) 创建一个独立宏。

(2) 添加一个子宏，名称为 CourseForm，在该子宏中依次添加 MessageBox 和 OpenForm 两个操作，参数设置如图 7-1 所示。

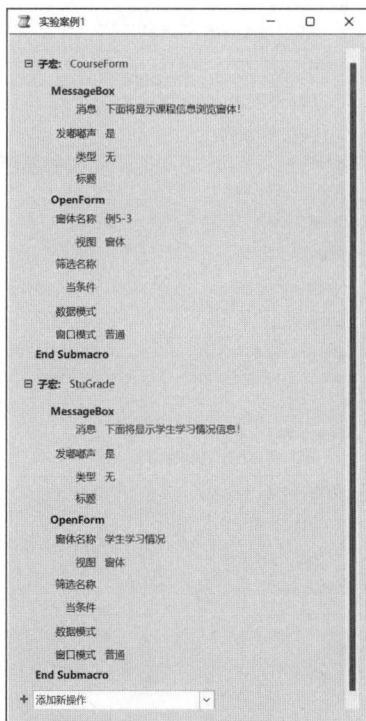

图 7-1　实验案例 1 的宏组

（3）添加一个子宏，名称为 StuGrade，在该子宏中依次添加 MessageBox 和 OpenForm 两个操作，参数设置如图 7-1 所示。

实验案例 2

案例名称：创建自动运行宏

【实验目的】

掌握创建自动运行宏的方法，并能够运行和调试所创建的宏。

【实验内容】

创建一个自动运行宏 AutoExec，它的作用是，打开数据库时，先弹出一个"口令验证"输入框，当用户输入的密码为 123123 时，出现"通过验证"消息框，单击"确定"按钮后打开《案例教程》例 5-15 中创建的导航窗体；当密码错误时，出现"未通过验证"消息框，并关闭 Access。

【实验步骤】

（1）创建一个独立宏。

（2）添加程序流程的 If 结构，条件行输入"InputBox("口令验证")="123123""，在 If 结构中依次添加 MessageBox 和 OpenForm 两个操作，参数设置如图 7-2 所示。

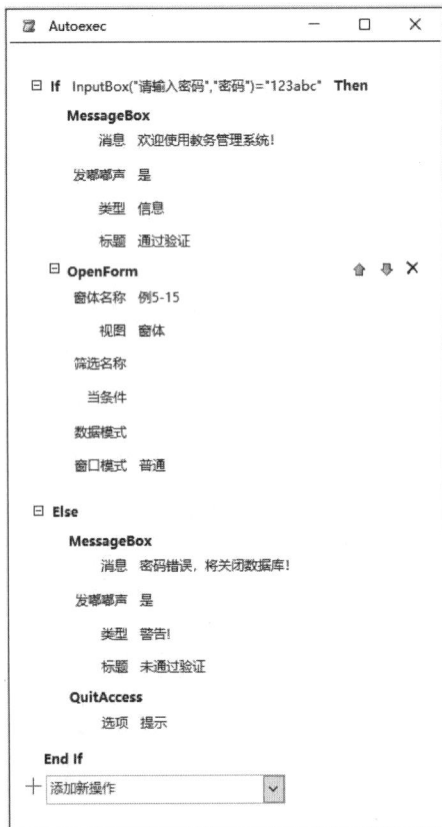

图 7-2　实验案例 2 的自动运行宏

(3) 添加 Else 结构，在 Else 结构中依次添加 MessageBox 和 QuitAccess 两个操作，参数设置如图 7-2 所示。

(4) 保存宏，名称为 AutoExec。

实验案例 3

案例名称：创建条件宏

【实验目的】

掌握创建条件宏的方法，并能够运行和调试所创建的宏。

【实验内容】

创建一个条件宏，宏名称为 ConditionMac，作用是弹出一个对话框，提示"打开学生信息报表吗？"，单击"确定"按钮则打开《案例教程》例 6-1 的学生信息报表，并最大化报表窗口；单击"取消"按钮则显示"任务结束"的消息框。

【实验步骤】

(1) 创建一个独立宏。

(2) 添加程序流程的 If 结构，条件行输入"MsgBox("打开学生信息报表吗？",1)=1"，在 If 结构的 Then 分支中依次添加 OpenReport 和 MaximizeWindow 两个操作，在否则分支中添加 MessageBox 操作，参数设置如图 7-3 所示。

(3) 保存宏，名称为 ConditionMac。

图 7-3 实验案例 3 的条件宏

实验案例 4

案例名称：创建嵌入宏

【实验目的】

掌握创建嵌入宏的方法，并能够运行和调试所创建的宏。

【实验内容】

(1) 创建一个名为"检验密码"的窗体，如图 7-4 所示。

图 7-4　检验密码窗体

(2) 为标题为"确定"的命令按钮 Command1 的 Click 事件创建一个嵌入宏，其作用是判断"检验密码"窗体的文本框中输入的密码是否为 xyz123。若密码正确，则关闭当前窗体；若密码错误，则弹出一个标题为"密码错误"的消息框，提示信息为"密码错误，您不能使用本系统！"，焦点回到文本框。

(3) 为标题为"取消"的命令按钮 Command2 的 Click 事件创建一个嵌入宏，其作用是退出 Access。

【实验步骤】

(1) 打开"检验密码"窗体的设计视图(假设该窗体已经建好)。

(2) 选择命令按钮 Command1，打开"属性表"窗格，选择"事件"选项卡中 Click 事件右边的省略号按钮，在弹出的"选择生成器"对话框中选择"宏生成器"，进入宏设计视图，依次选择 SetLocalVar、If-Else 分支结构，并在 If 结构中添加 CloseWindows 操作，在否则结构中添加 MessageBox 和 GotoControl 两个操作，并设置如图 7-5 所示的操作参数。

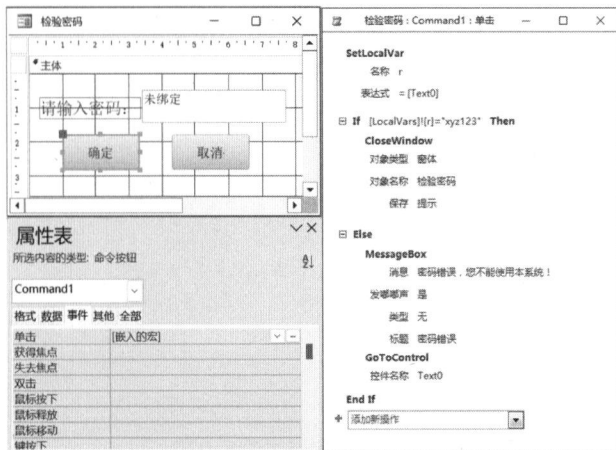

图 7-5　"确定"按钮的嵌入宏设计

(3) 选择命令按钮 Command2，打开"属性表"窗格，选择"事件"选项卡中 Click 事件右边的省略号按钮，在弹出的"选择生成器"对话框中选择"宏生成器"，进入宏设计视图，添加 QuitAccess 宏操作，保存后关闭宏设计视图。

实验案例 5

案例名称：用宏设计快捷菜单

【实验目的】

掌握用宏设计自定义快捷菜单的方法，并能将所创建的快捷菜单加载到特定对象中。

【实验内容】

(1) 创建一个名为"信息处理"的窗体，如图 7-6 所示。

(2) 设计"信息查询"按钮的快捷菜单，如图 7-6 所示，单击菜单项后会打开不同的查询文件。(假设相关查询文件均已建立)

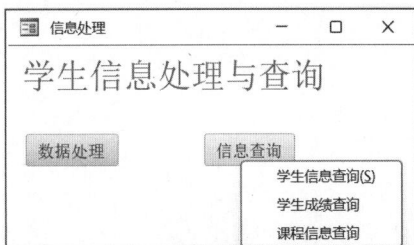

图 7-6　信息处理窗体

【实验步骤】

(1) 创建一个宏组，包含三个子宏，宏名和宏操作命令及参数设置如图 7-7 所示，保存宏名为"快捷菜单_r"。

(2) 创建一个独立宏，添加 AddMenu，菜单名称为"快捷菜单"，菜单宏名称为"快捷菜单_r"，设置结果如图 7-7 所示。

(3) 打开"信息处理"窗体的设计视图，选择"信息查询"命令按钮，在属性表窗格的其他选项卡中设置"快捷菜单栏"属性为"快捷菜单"宏，如图 7-8 所示。保存窗体。

图 7-7　宏的快捷菜单设计

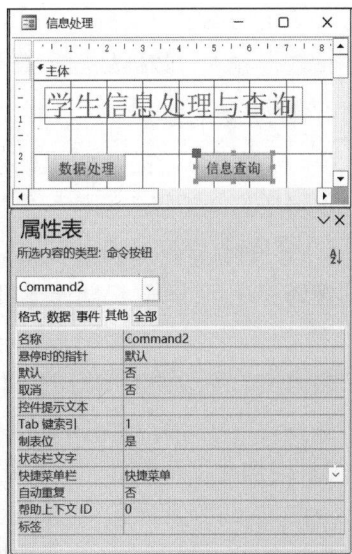

图 7-8　为命令按钮设置快捷菜单

第 *8* 章

VBA程序设计

8.1 知识要点

8.1.1 程序设计语言

计算机程序是指为了完成预定任务用某种计算机语言编写的一组指令序列,计算机按照程序规定的流程依次执行指令,最终完成程序所描述的任务。简单来说,计算机程序主要包括数据输入、数据处理、数据输出三大部分。

1. 程序设计语言

(1) 机器语言。机器语言就是由计算机的 CPU 能识别的一组由 0、1 序列构成的指令码。机器语言是计算机硬件所能执行的唯一语言。

(2) 汇编语言。汇编语言用助记符号编写程序,用汇编语言编写的源程序要依靠计算机的翻译程序(汇编程序)翻译成机器语言后才能执行。

(3) 高级语言。高级语言是与具体机器指令系统无关、表达方式更接近于自然语言的第三代语言。高级语言编写的源程序需要经过编译或解释程序翻译成机器语言后才能被计算机执行。程序语言有面向过程和面向对象两种设计思想。

① 结构化程序设计。结构化程序设计方法的基本思想是"自顶向下、逐步求精"。程序设计的过程就是将程序划分为小型的、易于编写的模块的过程。结构化程序设计方法容易掌握,降低了程序设计的复杂性,程序可读性强。

② 面向对象程序设计。在面向对象的程序设计中,以对象为基础,以事件或消息来

驱动对象执行命令。每个对象内部都封装了数据和方法，程序的功能通过各个对象自身的功能和相互作用得以实现。

2. 算法

计算机程序设计的关键是设计算法。所谓算法，在数学上是指按照一定规则解决某一类问题的明确和有限的步骤，计算机算法是以一步一步的方式详细描述计算机如何将输入转化为所要求的输出的一种规则，或者说，是对计算机上执行的计算过程的具体描述。计算机算法有多种表示方式，其中自然语言描述和流程图表示是常用的方法。

8.1.2 VBA 概述

1. 面向对象程序设计语言

对象是面向对象程序设计语言中最基本、最重要的概念，程序中的任何部分都可以称为对象，而任何一个对象都有属性、方法和事件。

(1) 属性。对象的属性是指为了使对象符合应用程序的需要而设计的对象的外部特征，如对象的大小、位置、颜色等。对象的属性值可以通过属性窗口直接设置，也可以通过程序代码中的赋值语句来设置。

在程序代码中通过赋值语句设置对象属性的格式：对象名.属性名=表达式。

(2) 方法。对象的方法是系统预先设定的、对象能执行的操作，实际上是将一些已经编好的通用的函数或过程封装起来，供用户直接调用。

对象方法调用的格式：对象名.方法名 参数表。

(3) 对象事件。对象事件是指在对象上发生的、系统预定义的能被对象识别的一系列动作。事件分为系统事件和用户事件。系统事件是由系统自动产生的事件；用户事件是由用户操作引发的事件。

(4) 事件过程。事件过程是指发生了某事件后所要执行的程序代码。事件过程是针对某一个对象的过程，而且与该对象的一个事件相联系。

事件过程的一般格式：

```
Private Sub 对象名_事件名()
    程序代码
        End Sub
```

2. VBA 语言

VBA 是开发 Microsoft Office 应用程序的嵌入式程序设计语言。VBA 源自 VB，是面向对象的程序设计语言，与 Visual Basic6.0 有相似的结构和开发环境。

3. VBE

VBE(Visual Basic Editor)是 VBA 程序的编辑、调试环境。

(1) 代码窗口。代码窗口用来编写、显示及编辑 VBA 程序代码。

(2) 立即窗口。在立即窗口中键入或粘贴一行代码，按下 Enter 键可以执行该代码。程序中的 Debug.Print 语句也会将结果输出到立即窗口中。

VBE 编辑器为我们提供了比较方便的程序调试方法。一般来说，调试 VBA 程序可以使用多种方法在程序执行的某个过程中暂时挂起程序，并保持其运行环境，以供检查。检查的方法包括逐语句执行、设置断点、设置监视、插入 Stop 语句、使用 Debug 对象等。

4. 模块

模块是 Access 数据库 VBA 程序代码的集合。

在 Access 中，模块有类模块和标准模块两种。

类模块是与某一特定对象相关联的模块，包括窗体模块、报表模块和自定义模块等。窗体模块是与某一窗体相关联的模块，主要包含该窗体和窗体上的控件所触发的事件过程。报表模块则是与某一报表相关联的模块，主要包含该报表和报表页眉页脚、页面页眉页脚、主体等对象所触发的事件过程。

标准模块独立于窗体和报表，是指用户专门编写的过程或函数，它可供窗体模块和其他标准模块调用。

8.1.3　数据类型、表达式和函数

1. 数据类型

VBA 为变量和表达式规定了丰富的数据类型。不同的数据类型所占用的存储空间不同，表示的数据范围也有差异，能进行的数据运算也有不同。

数值型数据类型有：Integer、Long、Single、Double、Currency 和 Byte。

(1) Integer(整型)和 Long(长整型)。

Integer 和 Long 型数据类型用于表示和存储整数。

Integer 型表示形式：±n%，其中 n 是 0~9 的数字，%为 Integer 的类型符号，可省略。

Long 型表示形式：±n&，其中 n 是 0~9 的数字，&为 Long 的类型符号，可省略。

(2) Single(单精度型)和 Double(双精度型)。

Single 和 Double 型数据用于存储浮点数(带小数部分的实数，小数点可位于数字的任意位置)。

Single(单精度型)数据有多种表示形式，类型符为!。

Double(双精度型)数据也有多种表示形式，类型符为#。

(3) Currency(货币型)。

货币型数值专门用于货币计算，类型符为@，表示为整数或定点实数，整数部分最多保留 15 位，小数部分最多保留 4 位。

(4) String(字符型)。

String(字符型)数据指一切可以打印的字符和字符串，字符型数据的类型符为$。字符型数据是用英文双引号""括起来的一串字符，字符主要由英文字母、汉字、数字及其他符号组成。

(5) Date(日期型)。

Date(日期型)数据用来表示日期和时间，表示的日期值从公元 100 年 1 月 1 日—公元 9999 年 12 月 31 日，时间范围从 00:00:00—23:59:59。日期和时间数据必须用定界符"#"

把数据括起来。

(6) Boolean(逻辑型)。

Boolean(逻辑型)又称布尔型,用于逻辑判断,其数据只有 True 和 False 两个值。

Boolean(逻辑型)与数值型数据可以转换。当把数值型数据转换成逻辑型数据时,数值 0 转换成 False,非 0 数值转换成 True;反之,当把逻辑型数据转换成数值型数据时,True 转换成-1,False 转换成 0。

(7) Object(对象型)。

Object(对象型)数据用来表示应用程序中的对象。可用 Set 语句指定一个被声明为 Object 数据类型的变量来引用应用程序所识别的任意实际对象。

(8) Variant(可变型)。

Variant(可变型)数据类型可以存储系统定义的所有类型的数据,若变量没有声明类型,则系统默认为 Variant(可变型)。

在赋值或运算时,Variant(可变型)的数据会根据需要进行必要的数据类型转换。

2. 常量

常量也称常数,它是一个始终保持不变的量。常量值自始至终不能被修改。常量有不同的数据类型和不同的定界符号。常量也可以是一个表达式。VBA 中有 4 种形式的常量:直接常量、符号常量、固有常量和系统保留常量。

(1) 直接常量。直接常量就是程序运行中直接给出的某种类型的数据。

(2) 符号常量。程序的开头预先用自己定义的符号来代表常量,称为符号常量。

符号常量用 Const 语句来定义,格式如下。

Const 符号常量名 As 数据类型=表达式

符号常量一经定义,只能引用,不能用语句给符号常量赋新值。

(3) 固有常量。固有常量在 Access 的对象库中定义,在代码中可以直接引用代替实际值。固有常量名的前两个字母表示定义该常量的对象库,其中 Access 库的常量以 ac 开头,ADO 库的常量以 ad 开头,VB 库的常量以 vb 开头。如表示回车换行的 vbCrLf,表示颜色常量的 vbBlack、vbBlue、vbRed 等。

(4) 系统保留常量。系统保留常量有 4 个,有表示逻辑值的 True 和 False,表示一个空值的 Null,表示对象尚未指定初始值的 Empty。

3. 变量

(1) 变量的概念。

变量是一组有名称的存储单元,在整个程序运行期间它的值是可以被改变的,所以称为变量。一旦定义了某个变量,该变量表示的是对应的计算机存储单元。在程序中使用变量名,就可以引用该内存单元及该内存单元存储的数据。

变量有变量名和数据类型两个特性。变量名用于在程序中标识不同的变量和存储在变量中的数据,数据类型则标识变量中可以保存的数据类型。

VBA 的变量有两种,一种是为 VBA 的对象自动创建的属性变量,并为变量设置默认值，在程序中可以直接使用，如引用该属性变量的值或赋给它新的属性值。另一种是内存变量，需要在程序中事先创建或声明，程序运行结束后从内存中释放。

(2) 内存变量的命名。

内存变量的命名是为了给内存存储单元起一个名字，并通过名字(即变量名)来实现对内存单元的存取。变量的名字要符合一定的规则，VBA 变量的命名规则如下。

① 变量名必须以字母(或汉字)开头，只能由字母、汉字、数字(0~9)和 "_" 组成，长度不超过 255 个字符。如 x，max，c1，b_1 等都是合法的变量名。

② 变量名在同一个变量作用域(即变量的使用范围)内必须是唯一的。

③ 变量名中的英文字母不区分大小写，如 A2、a2 指的是同一变量。

④ 变量名不能与系统使用的数据类型声明字符或关键字相同。系统使用的数据类型声明字符有 Integer、Single、Double、String 和 Date 等，系统常用的关键字有 as、do、while、for、select、dim、private 和 public 等。

⑤ 变量名不能与过程名、符号常量名和 VBA 内部函数名相同。如 str 不能作为变量名。

(3) 变量的声明。

使用变量前，最好先声明，即用一个语句定义变量的名称、数据类型和变量作用范围，以便系统根据数据类型分配相应的内存空间。这种声明称为显式声明。

① 显式声明的语句格式：

Dim|Private|Static|Public 变量名 [As 数据类型][,变量名[As 数据类型]…]

其中变量名应符合变量的命名规则，数据类型可以是 VBA 的数据类型名或数据类型符，如果声明中没有指定数据类型，那么系统默认变量为 Variant(变体型)。一个语句内声明的多个变量之间用逗号隔开。

② VBA 允许变量直接使用类型符显式声明，即在首次赋值时加类型符进行声明。

③ 隐式声明：如果一个变量未显式声明就直接使用，那么该变量就会被隐式声明为 Variant(变体型)。

(4) 变量的赋值。

赋值就是通过赋值语句将常量或表达式的值赋给变量。

赋值的格式如下：

内存变量名=表达式　　或　　对象名.属性值=表达式

(5) 变量的作用域。

变量可被访问的范围称为变量的作用范围，也称为变量的作用域。

按其作用域，变量可分为全局变量、模块级变量和局部变量。

4. 数组

数组是一组具有相同数据类型、逻辑上相关的变量的集合。数组中各元素具有相同的名字、不同的下标，系统分配给它们的存储空间是连续的，组成数组的每个元素都可以通过索引(即数值下标)进行访问，各个元素的存取不影响其他元素。

数组必须先经显式声明才能使用，声明数组是为了确定数组的名字、维数、大小和数据类型。VBA 中可以定义一维数组、二维数组和多维数组。

(1) 一维数组的声明。

格式：

Dim 数组名([下标下界 To]下标上界) [As 类型]

说明：

① 数组名的命名规则与变量命名规则相同。

② 数组的下标下界和下标上界必须是整型常量或整型常量表达式，且上界的值必须大于等于下界，一维数组的大小(即数组包含的元素个数)为上界-下界+1。

③ 如果缺省[下标下界 To]部分，表示使用默认下界 0。可以通过在窗体模块或标准模块的声明段中加入语句 Option Base 1 将默认下界定义为 1，或者用语句 Option Base 0 将默认下界恢复为 0。

④ 格式中 As 部分的类型指明数组的类型，即数组元素的类型。一般情况下，数组只存放同一类型的数据，可以是 VBA 中常用的数据类型 Integer、Single、String 等。如果缺省[As 类型]，则数组的类型默认为 Variant(变体型)。

(2) 二维数组的声明。

二维数组是有两个下标且上下界固定的数组，二维数组的下标 1 相当于行，下标 2 相当于列。二维数组的元素在内存中按先行(即下标 1)后列(即下标 2)的顺序存放。

格式：

Dim 数组名([下标 1 下界 To] 下标 1 上界,[下标 2 下界 To] 下标 2 上界>) [As 类型]

(3) 动态数组的声明。

动态数组在数组声明时未给出数组的大小，而是到使用时才确定数组的大小，而且可以随时改变数组的大小，所以又称为可变大小数组。

动态数组的声明和建立需要分两步：首先通过 Dim 声明语句定义动态数组的名字和类型；其次在程序运行时可多次用 ReDim 语句按实际需要改变动态数组的维数和大小。

① 用 Dim 语句声明动态数组的名字、类型：

Dim 动态数组名() [As 类型]

② 用 ReDim 语句声明动态数组的维数、大小：

ReDim 动态数组名([下标 1 下界 To] 下标 1 上界,[下标 2 下界 To] 下标 2 上界) [As 类型]

(4) 数组元素的引用。

通常由于数组元素的数量较多，而且能通过下标引用，因此数组的赋值和运算常常与程序控制结构中的循环语句结合使用。

一维数组的引用格式：

数组名(下标)

二维数组的引用格式：

数组名(下标 1,下标 2)

5. 运算符和表达式

运算是对数据的处理，运算符是描述运算的符号，表达式就是通过运算符将常量、变量及函数等运算对象连接起来的式子。VBA 程序设计中共分为算术运算符及表达式、字符运算符及表达式、关系运算符及表达式、逻辑运算符及表达式和对象运算符及表达式。各运算符的优先级为：算术运算符→连接运算符→关系运算符→逻辑运算符。

(1) 算术运算符及算术表达式。

算术运算符是 Integer、Long、Single 和 Double 等数值型数据运算的符号，常用的有+(加)，-(减)，*(乘)，/(除)，^(乘方)、\(整除)，mod(求余数)等。由算术运算符和数值型数据(含常量、变量)等组成的运算称为算术表达式，算术表达式的结果也是数值型数据。

在不同的算式运算符组成的混合运算中，按照( )、^、{ *、/}、\、mod、{+、-}的优先级进行计算，相同优先级的运算符的运算顺序则从左到右，即圆括号的优先级最高，乘方(^)的优先级次之，乘(*)和除(/)是相同的优先级，加(+)和减(-)是相同的优先级且是算术运算的最低优先级。

(2) 字符运算符及字符表达式。

字符串运算有+、&两种运算符号，都代表字符串的连接。字符运算符与字符型数据(字符串常量、字符串变量、字符串函数)等组成的表达式称为字符表达式，其结果也是字符类型数据。两个连接运算符的优先级相同。

虽然字符运算和算术运算都有"+"运算符，但两者的含义不一样，因此要特别注意区分应用。一般建议在字符运算中使用"&"运算符，"&"运算符的左右各留一个空格。

(3) 日期运算符及日期表达式。

日期运算符有+、-等，代表日期数据的加减运算。由日期型数据、数值型数据、日期型函数及日期运算符组成的表达式称为日期表达式。

① 两个日期型数据相减，结果为数值，表示两个日期之间相隔的天数。

② 一个日期型数据加上或减去一个数值型数据(天数)，结果为另一个日期型数据。

(4) 关系运算符及关系表达式。

关系运算又称为比较运算，主要运算符有=(等于)，>(大于)，>=(大于等于)，<(小于)，<=(小于等于)，<>(不等于)等。关系运算的优先级相同。相同类型的数据才能进行关系运算，关系运算的结果为逻辑值，即关系表达式成立则结果为 True(真)，关系表达式不成立则结果为 False(假)。

相同类型的数据与关系运算符组成的表达式称为关系表达式。数据类型不同，关系运算的规则也不同。

① 数值型数据按数值大小运算。

② 日期型数据按年月日的整数形式 yyyymmdd 的值比较大小。

③ 字符型数据按字符的 ASCII 码值比较大小。系统默认不区分英文大小写。汉字按拼音字母的顺序比较大小。

(5) 逻辑运算符及逻辑表达式。

逻辑运算的运算对象为逻辑型数据。常用的逻辑运算符有 And、Or、Not 三种。逻辑表达式的值也为逻辑值。逻辑运算的优先顺序为 And、Or、Not。

① And(逻辑与)：参加运算的逻辑值都是 True，结果才会是 True。

② Or(逻辑或)：参加运算的逻辑值只要有一个是 True，结果就会是 True。

③ Not(逻辑非)：对逻辑值取相反的值。即 True 变 False，False 变 True。

(6) 对象运算符和表达式。

① "!"运算符：作用是引用用户定义的对象，如窗体、报表或窗体和报表上的控件等。

② "."运算符：作用是引用一个 Access 对象的属性、方法等。

6. VBA 内部函数

VBA 自带了大量的函数过程，每个函数完成某个特定的功能。这些函数可以直接在 VBA 程序中使用，不需要用户自己定义，称为内部函数。内部函数的调用格式：函数名(参数 1,参数 2,...)，调用时只要正确给出函数名和参数，就会产生返回值。

(1) 数学函数。

① Int(x)：返回不超过 x 的最大整数。

② Round(x,n)：对 x 四舍五入，保留 n 位小数。

③ Rnd：产生大于等于 0 且小于 1 的随机数。Rnd 通常与 Int 函数搭配使用，其中生成[a,b]范围内的随机整数可采用公式：Int(Rnd*(b-a+1)+a)。

(2) 字符处理函数。

① Len(s)：返回给定字符串 s 的长度，一个字符包括空格代表一个长度。

② Mid(s,n1,n2)：截取给定字符串 s 中从第 n1 位开始的 n2 个字符，若省略 n2，那么截取从第 n1 位开始的所有后续字符。

③ Trim(s)：去除字符串 s 左右两边的连续空格，其余位置不受影响。

④ Space(n)：产生 n 个空格组成的串。

(3) 日期函数。

① Date 或 Date()：返回计算机系统的当前日期(年/月/日)。

② Time 或 Time()：返回计算机系统的当前时间(小时:分钟:秒)。

③ Year(d)：返回日期型数据 d 中的年份。

(4) 类型转换函数。

① Asc(s)：返回给定字符 s 首字母的 ASCII 值。

② Chr(n)：返回给定数值对应的字符。

(5) 输入输出函数。

① 输入函数 InputBox，常用格式：

```
变量名=InputBox(提示信息[,[标题][,默认值]])
```

功能：弹出一个对话框，显示提示信息和默认值，等待用户输入数据。若输入结束并单击"确定"或按 Enter 键，则函数返回文本框的字符串值；若无输入或单击"取消"，则返回空字符串""。

若不需要返回值，则可以使用 InputBox 的命令形式：

InputBox 提示信息[,[标题][,默认值]]

② 输出函数 MsgBox，常用格式：

变量名=MsgBox(提示信息[,[按钮形式][,标题]])

功能：弹出一个信息框，显示信息，等待用户单击其中一个按钮，并返回一个整数值赋给变量，以表明用户单击了那个按钮。

若不需要返回值，则可以使用 MsgBox 的命令形式：

MsgBox 提示信息[,[按钮形式][,标题]]

函数的返回值指明了用户在信息框中选择了哪一个按钮。

8.1.4 程序控制结构

1. VBA 基本语句

(1) 代码书写规则。

① 通常一个语句占一行，每个语句行以按 Enter 键结束。允许同一行有多条语句，每条语句之间用冒号分隔。

② 如果语句太长，可使用续行符(一个空格后面跟一个下画线 "_")，将长语句分成多行。但关键字和字符串不能分为两行。

③ 代码中的各种运算符、标点符号都应采用英文半角表示，英文字母不区分大小写(字符串常量除外)，关键字和函数名的首字母系统会自动转换为大写，其余转为小写。

④ 在程序中适当添加一些注释，以提高程序的可读性，有助于程序的调试和维护。

⑤ 建议采用缩进格式来反映代码的逻辑结构和嵌套关系，一般缩进两个字符。

(2) VBA 基本语句。

① 注释语句。注释语句即对程序代码作的说明或解释，包括对所用变量、自定义函数或过程、关键性代码的注释，以便用户更好地理解、调试程序。注释语句不会被执行。注释语句的格式：

Rem 注释内容 或 ' 注释内容

② 声明语句。声明语句通常放在程序的开始部分，通过声明语句可以定义符号常量、变量、数组变量和过程。当声明一个变量、数组和过程时，也同时定义了其作用范围。如 Dim 语句、Private 语句等都是声明语句。

③ 赋值语句。赋值语句是最基本、最常用的语句，它将常量或表达式的值赋给变量。基本格式：

变量名=表达式 或 对象名.属性名=表达式

赋值语句具有计算和赋值的双重功能，即先计算表达式的值，再把值赋给变量。变量名或对象属性名的类型应与表示的数据类型相同或相容，相容数据类型赋值时，系统会自动进行数据类型的转换。

赋值号"="与数学上的等号意义不同。

赋值号"="与关系运算符中的"="不同。

2. 顺序结构

顺序结构是面向过程程序设计最基本的控制结构，程序运行时按照程序代码的先后顺序依次执行。按照计算机程序设计的一般步骤，主要包含数据类型说明语句、数据输入语句、数据处理计算语句、结果输出语句等。

3. 分支结构

分支结构，也称选择结构，是指在程序执行的过程中出现多种不同的数据处理方法，通过条件表达式的不同取值执行相应分支里的程序代码。VBA 的分支结构有 If 语句和 Select Case 情况语句。

(1) If 语句。

If 语句是最常用的选择结构语句。If 语句有多种不同的表示形式，如单行 If 语句、多行 If 语句、If 语句嵌套等。

① 单行 If 语句。

单行 If 语句，是一种双分支选择语句，根据条件在两个分支中选择其一执行。单行 If 语句有两种格式。

格式 1：

```
If 条件 Then 语句序列 1 Else 语句序列 2
```

格式 2：

```
    If 条件 Then
  语句序列 1
Else
  语句序列 2
    End If
```

② 多行 If 语句。

多行 If 语句由多行语句组成，首行 If 语句作为起始语句，终止语句是末行的 End If 语句，它不仅可以实现单分支和双分支，还能实现多分支，而且结构清晰，可读性好。多行 If 语句的格式如下。

```
If 条件表达式 1 Then
  语句序列 1
ElseIf 条件表达式 2 Then
  语句序列 2
……
```

```
ElseIf 条件表达式 n then
    语句序列 n
Else
    语句序列 n+1
End If
```

(2) Select Case 语句。

Select Case 语句又称情况语句，在某些特定的条件，比如把一个表达式的不同取值情况作为不同的分支时，用 Select Case 语句比用 If 语句更方便、紧凑。

Select Case 语句语法格式如下。

```
Select Case 测试表达式
    Case 值列表 1
        语句序列 1
    Case 值列表 2
        语句序列 2
    …
    Case 值列表 n
        语句序列 n
    Case Else
        语句序列 n+1
End Select
```

(3) 选择结构的嵌套。

If 分支语句和 Select Case 情况语句均可以互相嵌套使用，即其中的某个分支可以是一个 If 分支语句或 Select Case 情况语句，选择结构的嵌套形式多种多样，但要层次清楚，内、外层分支结构不能出现交叉现象。

4. 循环结构

循环结构是指根据指定条件的当前值来决定一行或多行语句是否需要重复执行。VBA 中常用的循环语句有 For 循环语句、While 循环语句和 Do 循环语句。

(1) For 循环语句。

当循环次数预先能够知道或者需处理的数据在一定的取值范围内递增或递减时，采用 For 语句较为合适。For 语句的好处在于语法简单，结构紧凑，不容易出现语法错误。

For 循环语句基本结构：

```
For 循环变量=初值 To 终值 Step 步长
    循环体语句序列
Next 循环变量
```

(2) While 循环语句。

While 循环语句可以根据指定条件控制循环的执行。格式如下。

```
While 条件表达式
```

```
    循环体语句序列
Wend
```

(3) Do 循环语句。

Do 循环语句与 While 循环语句一样是根据给定条件控制循环的执行。Do 循环语句有 4 种格式，其中"当型循环"是先判断条件然后执行循环体，"直到型循环"是先执行循环再判断条件；有的是条件成立时执行循环，有的是条件不成立时才执行循环。

① Do While 条件
　　循环体语句序列
Loop

② Do Until 条件
　　循环体语句序列
Loop

③ Do
　　循环体语句序列
Loop While 条件

④ Do
　　循环体语句序列
Loop Until 条件

8.1.5　过程与函数

VBA 有两种过程：子过程(Sub 过程)和函数过程(Function 过程)。两种过程类似，都是要经过定义后才能调用，不同的是子过程的调用是一个语句，调用的结果是执行子过程的代码，而函数过程的调用是作为表达式的一个组成部分，调用的结果是函数的返回值。

1. 过程及过程的调用

VBA 过程分为事件过程和通用过程。其中事件过程与用户窗体中的某个对象相联系，当特定的事件发生在特定的对象上时，事件过程就会运行。而通用过程并不需要与用户窗体中的某个对象相联系，通用过程必须由其他过程显式调用。

(1) 事件过程的定义格式。

```
Private Sub 控件名_事件名(形参表)
    过程体语句序列
End Sub
```

(2) 通用过程的定义格式。

```
Private Sub 过程名(形参表)
    过程体语句序列
End Sub
```

(3) 通用过程的调用格式。

格式一：Call 过程名(实参表)

格式二：过程名 实参表

2. 函数及函数的调用

(1) 函数过程的定义格式。

```
Private Function 函数名(形参表 as 类型)
    过程体语句序列
    函数名=表达式
End Function
```

(2) 函数过程的调用。

被调用的函数必须作为表达式或表达式的一部分，常见的方式是在赋值语句中调用函数。

函数调用格式：

```
变量名=函数名(实参表)
```

3. 参数传递

(1) 形参和实参。

在 Sub 过程定义的 Sub 语句或在 Function 过程定义的 Function 语句中出现的参数称为形参，在 Sub 过程调用的 Sub 语句或在 Function 过程调用的 Function 语句中出现的参数称为实参。

(2) 按地址传递。

定义过程时形参用 ByRef 关键字说明或省略不写，调用时实参把地址传递给对应的形参。

主调过程对被调过程的数据传递是双向的，既把实参的值由形参传给被调过程，又把改变了的形参值由实参带回主调过程。

(3) 按值传递。

定义过程时形参用 ByVal 关键字说明，调用时实参把值传递给对应的形参。主调过程对被调过程的数据传递是单向的，在过程中对形参的任何操作都不会影响到实参。

8.2 思考与练习

8.2.1 选择题

1. 下列算术运算符中优先级最低的是(   )。

    A. /   B. \   C. Mod   D. *

2. 以下(   )是合法的 VBA 变量名。

    A. _xyz   B. x+y   C. xyz123   D. integer

3. 下列变量的数据类型为长整型的是(　　)。

A. x%　　　　　　B. x!　　　　　　C. x$　　　　　　D. x&

4. 定义了二维数组 A(4 ,-1 to 3)，该数组的元素个数为(　　)。

A. 20　　　　　　B. 24　　　　　　C. 25　　　　　　D. 36

5. 设有正实数 x(含一位小数)，下列 VBA 表达式中，(　　)不能对 x 四舍五入取整。

A. Round(x)　　　B. Int(x)　　　　C. Int(x+0.5)　　　D. Fix(x+0.5)

6. 在 VBA 中，表达式"Date:" & #10/12/2024#的值是(　　)。

A. Date:#10/12/2024#　　　　　　B. Date:2024-10-12

C. Date:2024/12/10　　　　　　　D. Date&10/12/2024

7. 在 VBA 中，函数表达式 Right("VB 编程技巧",4)的值是(　　)。

A. 编程技巧　　　B. 技巧　　　　　C. VB 编程　　　　D. VB 编

8. 函数 Mid("欢迎学习 Access!",5,6)的返回值是(　　)。

A. 习 Acce　　　　B. Access　　　　C. 欢迎学习　　　　D. ccess!

9. 要在文本框中显示出当前日期和时间，则应使用函数(　　)。

A. NOW()　　　　B. YEAR()　　　　C. TIME()　　　　D. DATE()

10. InputBox 函数返回值的类型为(　　)。

A. 字符串　　　　　　　　　　　B. 数值

C. 变体　　　　　　　　　　　　D. 数值或字符串(视输入的数据而定)

11. 若有语句 s1 = InputBox("输入", "", "示例")，从键盘输入字符串"测试"后，s1 的值是(　　)。

A. "输入"　　　　B. ""　　　　　　C. "示例"　　　　　D. "测试"

12. 在 VBA 中，表达式 CInt("12") + Month(#8/15/2017#)的值为(　　)。

A. 27　　　　　　B. 20　　　　　　C. 128　　　　　　D. 1215

13. 数学关系表达式 10≤a≤20 在 VBA 中可以表示为(　　)。

A. a>=10　And　a<=20　　　　　B. a>=10　And　<=20

C. a>=10　Or　a<=20　　　　　　D. a>=10　Or　<=20

14. 能够交换变量 a 和变量 b 的值的程序段是(　　)。

A. a=b : b=a　　　　　　　　　B. c=a : b=a: a=c

C. c=a : a=b: b=c　　　　　　　D. c=a : d=b : b=c : a=b

15. 执行下面程序段后，变量 Result 的值为(　　)。

```
a = 6
b = 5
c = 4
If Not(a + b > C. And (a + c > B. And (b + c > a. Then
   Result = "Yes"
Else
   Result = "No"
End If
```

A. False　　　　B. Yes　　　　　C. No　　　　　　D. True

16. 有如下程序段，当输入 a 的值为-6 时，执行后变量 b 的值为(   )。

```
a = InputBox("input a:")
Select Case a
    Case Is > 0
        b = a + 1
    Case 0, -10
        b = a + 2
    Case Else
        b = a + 3
End Select
```

    A. −2   B. −3   C. −4   D. −5

17. 由"For i=1 to 9 step -3"决定的循环结构，其循环体将被执行(   )次。

    A. 0   B. 1   C. 4   D. 5

18. 执行下面程序段后，变量 i，s 的值分别为(   )。

```
s=0
For i = 1 To 10
  s=s+1
  i=i*2
Next i
```

    A. 15,3   B. 14,3   C. 16,4   D. 17,4

19. 执行下面程序段后，变量 x 的值分别为(   )。

```
x = 3: y = 6
    Do Until y > 6
        x = x + y
        y = y + 1
    Loop
```

    A. 3   B. 9   C. 15   D. 16

20. 执行下面程序段后，输入数据 8、9、3、0 后，显示结果是(   )。

```
Dim sum As Integer, m As Integer
sum = 0
Do
        m = InputBox("输入 m")
        sum = sum +m
Loop Until m = 0
MsgBox sum
```

    A. 0   B. 17   C. 20   D. 21

21. 在模块的声明部分使用 Option Base 1 语句，则 Dim Array(5) As Integer 的含义是 (   )。

    A. 定义了一个整型变量且初值为 5

    B. 定义了 5 个整数构成的数组 Array

    C. 定义了 6 个整数构成的数组 Array

    D. 将数组的第 5 个元素设置为整型

22. 执行下面程序段后，数组元素 a(3) 的值为(   )。

```
Dim a(10) As Integer
For i = 0 To 10
    a(i) = 2 * i
Next i
```

    A. 4   B. 6   C. 8   D. 10

23. 执行下面程序段后，变量 Result 的值为(   )。

```
n = 6
s = 0
For i = 1 To n - 1
    If n Mod i = 0 Then s = s + i
Next i
If n = s Then
    Result = "Yes"
Else
    Result = "No"
End If
```

    A. False   B. Yes   C. No   D. True

24. 执行下面程序段后，变量 p，q 的值为(   )。

```
p = 2
q = 4
While Not q > 5
    p = p * q
    q = q + 1
Wend
```

    A. 20，5   B. 40，5   C. 40，6   D. 40，7

25. 执行下面程序段后，变量 y 的值为(   )。

```
x = 49
y = 42
r = x Mod y
While r <> 0
```

```
        x = y
        y = r
        r = x Mod y
    Wend
```

      A. 49   B. 42   C. 7   D. 0

26. 有过程：Sub Proc(x As Integer, y As Integer)，不能正确调用过程 Proc 的是（　　）。

      A. Call Proc(3,4)   B. Call Proc(3+2,4)

      C. Proc 3,4+2   D. Proc(3,4)

27. 有下面函数，F(3)+F(2)的值为（　　）。

```
Function F(n As Integer) As Integer
    Dim i As Integer
    F = 0
    For i = 1 To n
        F = F + i
    Next i
End Function
```

      A. 2   B. 6   C. 8   D. 9

28. 有如下函数：

```
Function Fun(a As Integer, b As Single) as Single
    Fun = a * b
End Function
```

执行下面程序段后，变量 c 的值为（　　）。

```
Dim m%,n!,c!
m = 4
n = 0.8
c=Fun(m, n)
```

      A. 3.2   B. 4.8   C. 4.6   D. 2.4

29. 过程定义 Private Sub P(ByVal a As Integer)中 ByVal 的含义是（　　）。

      A. 形式参数   B. 实际参数   C. 传值调用   D. 传址调用

30. 若有以下两个过程，则以下说法正确的是（　　）。

```
Sub S1(ByVal x As Integer, ByVal y As Integer)
    Dim t As Integer
    t = x: x = y: y = t
End Sub
Sub S2(x As Integer, y As Integer)
```

```
        Dim t As Integer
        t = x: x = y: y = t
End Sub
```

A. 调用过程 S1 可以交换调用函数中两个变量的值，S2 不能实现

B. 调用过程 S2 可以交换调用函数中两个变量的值，S1 不能实现

C. 调用过程 S1 和 S2 都能实现交换调用函数中两个变量的值

D. 调用过程 S1 和 S2 都不能实现交换调用函数中两个变量的值

8.2.2　填空题

1. VBA 是一种_____程序设计语言。

2. VBA 的模块有两种类型，分别是_____和_____。

3. 模块的过程从形式上看，有_____和_____两种。

4. 数据类型中，整型的类型名是_____，类型符是_____；单精度的类型名是_____，类型符是_____；字符型的类型名是_____，类型符是_____。

5. 变量的作用范围有_____、_____和_____三种。

6. 在数组的声明语句中，若缺省下标的下界，则默认下界为_____。

7. 如果有数组声明语句：Dim x(-2 to 3) As Integer，则表示共有_____个数组元素可供使用，它们分别是_____。

8. 如果变量 x 能被变量 y 整除，则可以用表达式_____表示。

9. 有表达式：10/3>3 Or 7<6 And 23+5>30，则表达式的结果是_____。

10. 要产生一个[200,300]之间的随机整数，可以用表达式_____实现。

11. 有一个字符串变量 s，如果截取从第 6 位起以后的所有字符串，可以用表达式_____表示。

12. 假设日期型变量 d 存放某人的出生日期，要计算此人现在的年龄，可以用表达式_____表示。

13. 求一个字符 c 的 ASCII 值，可以使用表达式_____。

14. 在 Access 中，要弹出对话框，输出某些信息，可以用表达式_____来实现。

15. VBA 程序中可以使用_____、_____和_____三种基本控制结构。

16. VBA 程序中的分支结构语句有_____、_____和_____三种。

17. VBA 程序中的循环结构语句有_____、_____和_____三种。

18. 如果 For 循环缺省了 Step 语句，那么说明步长值是_____。

19. While 循环语句中，如果一开始循环条件就不成立，则循环体执行_____次。

20. 在 VBA 中，实参和形参的传递方式有_____和_____两种。

21. 运行 Proc1 过程代码在立即窗口中依次显示的数值是_____。
过程代码如下。

```
Sub Proc1()
    f1 = 0
    f2 = 1
    For n = 1 To 6
        f = f1 + f2
        Debug.Print f
        f1 = f2
        f2 = f
    Next n
End Sub
```

22. 窗体中有命令按钮 Command1 和文本框 Text1，事件代码如下。

```
Private Sub Command1_Click()
    Dim a As Integer, b As Integer, c As Integer, d As Integer
    a = 6: b = 4: c = 9
    Call p(a, b, c)
    Text1.Value = c
End Sub
Sub p(x As Integer, y As Integer, z As Integer)
    z = x + y
End Sub
```

单击命令按钮，文本框中显示的内容是_____。

23. 窗体中有命令按钮 Command1 和文本框 Text1，单击命令按钮，输入 7，则文本框中显示的内容为"7 是奇数"，请将程序补充完整。事件代码如下。

```
Function result(ByVal x As Integer) As Boolean
    If x Mod 2 = 1 Then
        result = True
    Else
        result = False
    End If
End Function
Private Sub Command1_Click()
    x = Val(InputBox("请输入一个整数"))
    If _____ Then
        Text1 = Str(x) & "是偶数"
    Else
        Text1 = Str(x) & "是奇数"
    End If
End Sub
```

24. 窗体中有命令按钮 Command1、文本框 Text1 和标签 Label1，在文本框 Text1 中输入一个正整数 n，单击按钮实现计算 1+1/2+1/3+...+1/n 的和，并将和显示在标签 Label1 中，请将程序补充完整，事件代码如下。

```
Private Sub Command34_Click()
    Dim s As Single
    Dim i, n As Integer
    n = Val(Text1.Value)
    s = 0
    For i = 1 To n Step 1
        s = _____
    Next i
    _____ = s
End Sub
```

8.2.3 简答题

1. 什么是计算机程序设计？请列举几种常用的计算机程序设计语言，并简述其特点。
2. VBA 有哪些常用的数据类型？常量如何表示？变量怎样命名？
3. VBA 有哪些常用的表达式和函数？
4. VBA 有哪几种程序控制结构？
5. 试述 VBA 各种分支结构语句的异同点？
6. 试述 VBA 各种循环结构语句的特点？
7. VBA 中的子过程和函数有什么不同？

8.2.4 程序设计题

1. 输入公里数，转换为对应的英里数输出。(1 英里=1.609 公里)
2. 输入一个四位整数，输出该数的各位数字之和。
3. 假设当前时间为 2017 年 9 月 11 日零点整，求现在距 2050 年 1 月 1 日零点所剩的天数和小时数。
4. 输入半径，求圆的周长和面积。
5. 随机产生两个大写英文字母并依次输出。
6. 输入任意两个实数，交换后输出。
7. 求一元二次方程 $ax^2+bx+c=0$ 的实根。
8. 输入一个整数，判断其是否为完数。(完数指真因子的和等于自身的数，例如 6 是完数，6=1+2+3)
9. 输入一个四位整数，判断其是否为回文数。(回文数指该数正读反读一样，如 1221)
10. 输入一个整数，判断其是奇数还是偶数。
11. 输入一个小于 10 的自然数 n，求 1!+2!+3!+...+n!。
12. 输入两个整数，分别求最大公约数和最小公倍数。
13. 随机产生 10 个 100 以内的正整数，求它们的平均值及大于平均值的数的个数。

14. 输入任意一串字符，逆序输出。

15. 输入一串字符，统计其中数字、大写英文字母、小写英文字母和其他字符的个数。

16. 输入一串含空格的字符串，去除字符串中所有的空格。

17. 阶梯问题。登一阶梯，若每步跨 2 阶，最后余 1 阶；若每步跨 3 阶，最后余 2 阶；若每步跨 5 阶，最后余 4 阶；若每步跨 6 阶，最后余 5 阶；若每步跨 7 阶，刚好到达阶梯顶部。求阶梯数。

18. 猴子吃桃问题。猴子第一天摘下若干桃子，当即吃了一半，不过瘾，又多吃 2 个。以后每天如此，到第 10 天，只剩下 1 个桃子。求猴子第一天摘的桃子数量。

8.3 实验案例

实验案例 1

案例名称：创建标准模块及通用过程

【实验目的】

掌握 VBA 创建标准模块及在标准模块中创建通用过程的方法。

【实验内容】

利用 VB 编辑器创建一个标准模块，在标准模块中创建一个通用子过程，子过程的功能是调用 InputBox 输入信息，调用 MsgBox 输出信息。

【实验步骤】

(1) 打开 Access，创建"VBA 实验案例.accdb"空白数据库。

(2) 打开 VB 编辑器，创建名为"实验案例 1"的标准模块。

(3) 在标准模块"实验案例 1"中，创建通用子过程，过程名为"输入输出"。

(4) 在子过程中，调用 InputBox 函数输入姓名，如"张三"；调用 MsgBox 函数输出相应的信息，如"欢迎张三学习 VBA!"。界面大致如图 8-1 和图 8-2 所示。

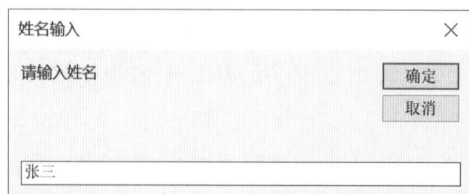

(5) 保存过程和模块，并运行。

图 8-1 调用 InputBox 函数输入姓名

图 8-2 调用 MsgBox 函数输出欢迎信息

【参考代码】

标准模块代码：

```
Public Sub  输入输出()
    x = InputBox("请输入姓名", "姓名输入")
    MsgBox "欢迎" & x & "学习 VBA！", 0, "欢迎"
End Sub
```

实验案例 2

案例名称：创建窗体及事件过程

【实验目的】

掌握在 VBA 中创建窗体及不同事件过程的方法。

【实验内容】

创建如图 8-3 所示"解方程"窗体，单击"计算"按钮实现功能：在 Text1 中输入 x 的值，通过方程 y=3x+1，计算出 y 的值并输出到 Text2 中；单击"清空"按钮实现：清除 Text1 和 Text2 的内容。如在 Text1 中输入 3，则 Text2 中输出 10。

【实验步骤】

(1) 打开"VBA 实验案例.accdb"数据库。

(2) 在数据库中创建如题目所要求的窗体，窗体及控件其余属性自行设定。

(3) 在窗体中，鼠标右击"计算"按钮，在弹出的快捷菜单中选择"事件生成器"→"代码生成器"，打开 VBE 的代码窗口，为"计算"按钮的 Click 事件编写相应的代码。

(4) 同样，在窗体中，鼠标右击"清空"按钮，在弹出的快捷菜单中选择"代码生成器"，打开 VBE 的代码窗口，为"清空"按钮的 Click 事件编写如下相应代码：

```
Text1.Value= ""
Text2.Value= ""
```

(5) 保存窗体，并运行。

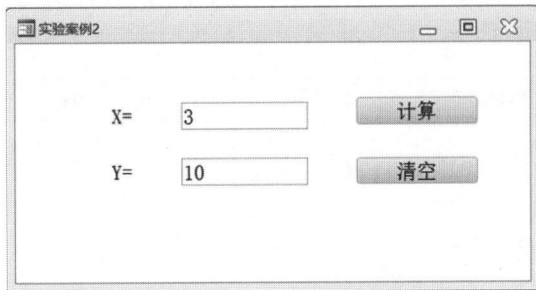

图 8-3　"解方程"窗体

【参考代码】

(1) "计算"按钮的 Click 事件代码：

```
Private Sub Command1_Click()
    Dim x As Single, y As Single
```

```
    x = Text1.Value
    y = 3 * x + 1
    Text2.Value = y
End Sub
```

(2)"清空"按钮的 Click 事件代码:

```
Private Sub Command2_Click()
    Text1.Value = ""
    Text2.Value = ""
End Sub
```

实验案例 3

案例名称:用单行 If 语句实现分支结构

【实验目的】

掌握 VBA 程序设计中单行 If 分支语句的使用方法。

【实验内容】

创建如图 8-4 所示"求 3 个数的最大值"窗体,单击"最大值"按钮实现功能:求出 Text1、Text2 和 Text3 中的最大值并输出到 Text4 中。如分别输入 79、128、35,则输出最大值 128。

【实验步骤】

(1) 打开"VBA 实验案例.accdb"数据库。

(2) 在数据库中创建如题目所要求的窗体,窗体及控件其余属性自行设定。

(3) 在窗体中,鼠标右击"最大值"按钮,在弹出的快捷菜单中选择"事件生成器"→ "代码生成器",打开 VBE 的代码窗口,为"最大值"按钮的 Click 事件编写相应的代码。

(4) 应用单行 If 分支语句进行 3 个数的比较运算,结构:If 条件 Then 语句序列。

(5) 保存窗体,并运行。

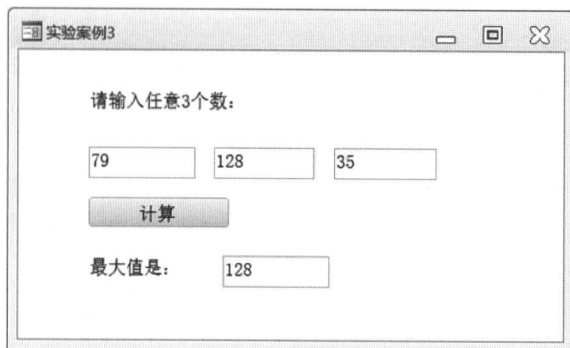

图 8-4 "求 3 个数的最大值"窗体

【参考代码】

"计算"按钮的 Click 事件代码：

```
Private Sub Command1_Click()
    Dim x As Single, y As Single, z As Single
    x = Text1.Value
    y = Text2.Value
    z = Text3.Value
    max = x
    If y > max Then max = y
    If z > max Then max = z
    Text4.Value = max
End Sub
```

实验案例 4

案例名称：用多行 If 语句实现分支结构

【实验目的】

掌握 VBA 程序设计中多行 If 分支语句的使用方法。

【实验内容】

创建如图 8-5 所示"水仙花数判断"窗体，单击"判断"按钮实现功能：判断 Text1 中输入的数是否为水仙花数，将判断结果输出到 Text2 中，判断结果为"*是水仙花数"或"*不是水仙花数"。其中水仙花数指一个三位正整数的各位数字的立方和等于它本身。如 Text1 中输入 153，Text2 中输出"153 是水仙花数"。

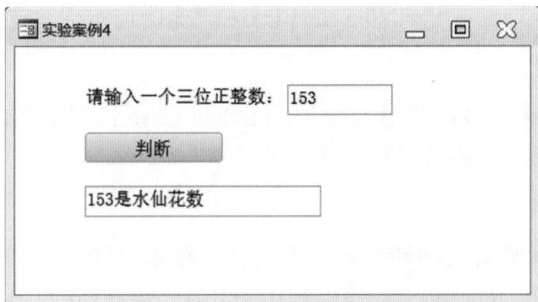

图 8-5　"水仙花数判断"窗体

【实验步骤】

(1) 打开"VBA 实验案例.accdb"数据库。

(2) 在数据库中创建如题目所要求的窗体，窗体及控件其余属性自行设定。

(3) 在窗体中，鼠标右击"判断"按钮，在弹出的快捷菜单中选择"事件生成器"→"代码生成器"，打开 VBE 的代码窗口，为"判断"按钮的 Click 事件编写相应的代码。

(4) 应用多行 If 分支语句进行水仙花数的条件判断，结构如下。

```
    If 条件 Then
        语句序列 1
        Else
            语句序列 2
        End If
```

(5) 保存窗体，并运行。

【参考代码】

"判断"按钮的 Click 事件代码：

```
Private Sub Command1_Click()
    Dim x As Integer, y As String
    x = Text1.Value
    a = x Mod 10
    b = x \ 10 Mod 10
    c = x \ 100
    If x = a ^ 3 + b ^ 3 + c ^ 3 Then
        y = x & "是水仙花数"
    Else
        y = x & "不是水仙花数"
    End If
    Text2.Value = y
End Sub
```

实验案例 5

案例名称：用多行 If 分支语句和 Select Case 情况语句实现分支结构

【实验目的】

掌握 VBA 程序设计中多行 If 分支语句和 Select Case 情况语句的使用方法，比较两种语句在执行多分支选择结构的相同和不同之处。

【实验内容】

创建如图 8-6 所示具有星期转换功能的窗体，单击"转换"按钮实现功能：将 Text1 中输入的数字转换成对应的星期，并输出到 Text2 中。转换规则：0-星期日，1-星期一，2-星期二，3-星期三，4-星期四，5-星期五，6-星期六。如 Text1 中输入 5，单击"转换"按钮，Text2 中输出"星期五"。

【实验步骤】

(1) 打开"VBA 实验案例.accdb"数据库。

(2) 在数据库中创建如题目所要求的窗体，窗体及控件其余属性自行设定。

(3) 在窗体中，鼠标右击"转换"按钮，在弹出的快捷菜单中选择"事件生成器"→"代码生成器"，打开 VBE 的代码窗口，为"转换"按钮的 Click 事件编写相应的代码。

(4) 应用多行 If 分支语句及 Select Case 语句进行条件判断。

① 多行 If 分支语句结构格式：   ② Select Case 情况语句格式：

```
        If  条件 1 Then                            Select Case  测试表达式
           语句序列 1                                  Case  值列表 1
              ElseIf  条件 2    Then                         语句序列 1
                 语句序列 2                               Case  值列表 2
              ……                                           语句序列 2
           Else                                           ……
              语句序列 n                               Case Else
           End If                                           语句序列 n
                                                   End Select
```

(5) 保存窗体，并运行。

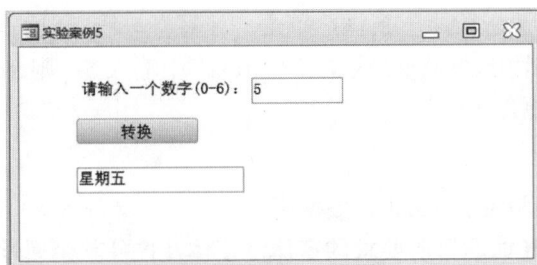

图 8-6 星期转换窗体

【参考代码】

"转换"按钮的 Click 事件代码：

```
Private Sub Command1_Click()
    Dim x As Integer, y As String
    x = Val(Text1.Value)
    Select Case x
        Case 0
            y = "星期日"
        Case 1
            y = "星期一"
        Case 2
            y = "星期二"
        Case 3
            y = "星期三"
        Case 4
            y = "星期四"
        Case 5
            y = "星期五"
        Case 6
```

```
        y = "星期六"
    End Select
    Text2.Value = y
End Sub
```

实验案例 6

案例名称：用 While 语句和 Do While … Loop 语句实现循环结构

【实验目的】

掌握 VBA 程序设计中 While 循环语句和 Do While … Loop 循环语句的使用方法，比较两种语句的相同和不同之处。

【实验内容】

创建如图 8-7 所示"求阶乘"窗体，单击"计算"按钮实现功能：计算出 Text1 中输入的整数的阶乘值，并输出到 Text2 中。如在 Text1 中输入 5，则 Text2 中输出 120。考虑 Text1 输入的整数的范围。

【实验步骤】

(1) 打开"VBA 实验案例.accdb"数据库。

(2) 在数据库中创建如题目所要求的窗体，窗体及控件其余属性自行设定。

(3) 在窗体中，鼠标右击"计算"按钮，在弹出的快捷菜单中选择"事件生成器"→"代码生成器"，打开 VBE 的代码窗口，为"计算"按钮的 Click 事件编写相应的代码。

(4) 应用 While 循环语句及 Do While … Loop 循环语句编写相应代码。

① While 循环语句结构格式：　　　　　② Do While … Loop 循环语句格式：

```
While 条件表达式              Do While 条件表达式
    循环体语句序列                  循环体语句序列
Wend                         Loop
```

(5) 保存窗体，并运行。

图 8-7　"求阶乘"窗体

【参考代码】

"计算"按钮的 Click 事件代码：

```
Private Sub Command1_Click()
    Dim x As Integer, y As Single
    x = Text1.Value
    i = 1
    y = 1
    Do While i <= x
        y = y * i
        i = i + 1
    Loop
    Text2.Value = y
End Sub
```

实验案例 7

案例名称：用 For 语句实现循环结构

【实验目的】

掌握 VBA 程序设计中 For 循环语句的使用方法。

【实验内容】

创建如图 8-8 所示"两数间的整数和"窗体，单击"计算"按钮实现功能：计算出从 Text1 中输入的第一个整数到 Text2 中输入的第二个整数之间的所有整数的和，并输出到 Text3 中。如在 Text1 中输入 1，Text2 中输入 100，则 Text3 中输出 5050；如在 Text1 中输入 50，Text2 中输入 10，则 Text3 中输出 1230。考虑两个整数的大小关系。

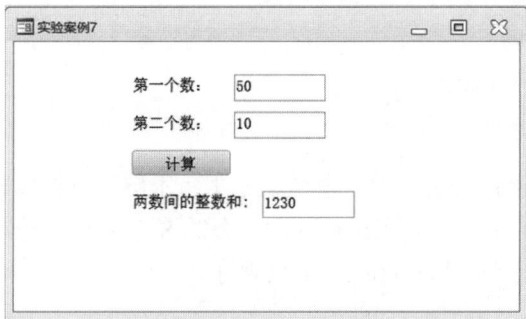

图 8-8 "两数间的整数和"窗体

【实验步骤】

(1) 打开"VBA 实验案例.accdb"数据库。

(2) 在数据库中创建如题目所要求的窗体，窗体名为"两数间的整数和"，窗体及控件其余属性自行设定。

(3) 在窗体中，鼠标右击"计算"按钮，在弹出的快捷菜单中选择"事件生成器"→"代码生成器"，打开 VBE 的代码窗口，为"计算"按钮的 Click 事件编写相应的代码。

(4) 应用 For 循环语句编写相应代码，格式如下：

```
For 循环变量=初值 To 终值
    循环体语句序列
        Next
```

(5) 保存窗体，并运行。

【参考代码】

"计算"按钮的 Click 事件代码：

```
Private Sub Command1_Click()
    Dim x As Integer, y As Integer, s As Long
    x = Val(Text1.Value): y = Val(Text2.Value)
    s = 0
    If x > y Then
        t = x: x = y: y = t
    End If
    For i = x To y
        s = s + i
    Next i
    Text3.Value = Str(s)
End Sub
```

实验案例 8

案例名称：用 For 语句实现循环结构嵌套

【实验目的】
掌握 VBA 程序设计中循环嵌套的使用方法。

【实验内容】
创建如图 8-9 所示"百元买百鸡"窗体，单击"求解"按钮实现功能：将所有可能的答案显示在文本框 Text1 中。百元买百鸡问题：公鸡 8 元 1 只，母鸡 6 元 1 只，鸡仔 2 元 4 只。问百元能买几只公鸡，几只母鸡，几只鸡仔。

【实验步骤】
(1) 打开"VBA 实验案例.accdb"数据库。

(2) 在数据库中创建如题目所要求的窗体，窗体名为"百元买百鸡"，窗体及控件其余属性自行设定。

(3) 在窗体中，鼠标右击"求解"按钮，在弹出的快捷菜单中选择"事件生成器"→"代码生成器"，打开 VBE 的代码窗口，为"求解"按钮的 Click 事件编写相应的代码。

(4) 应用 For 循环语句嵌套编写相应代码，格式如下。

```
For 循环变量 i=初值 To 终值
    For 循环变量 j=初值 To 终值
```

```
For 循环变量 k=初值 To 终值
    循环体语句序列
    Next   k
  Next   j
Next   i
```

(5) 保存窗体，并运行。

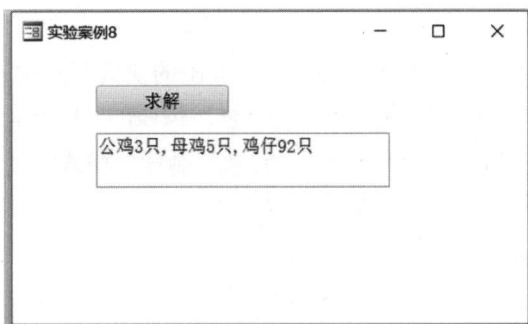

图 8-9   "百元买百鸡"窗体

【参考代码】

"求解"按钮的 Click 事件代码：

```
Private Sub Command1_Click()
    Dim s As String
    For i = 1 To 100
        For j = 1 To 100
            For k = 1 To 100
                s = ""
                If i + j + k = 100 And 8 * i + 6 * j + k * 0.5 = 100 Then
                    s = "公鸡" & i & "只," & "母鸡" & j & "只," & "鸡仔" & k & "只"
                    Text1.Value = Text1.Value & s
                End If
            Next k
        Next j
    Next i
End Sub
```

实验案例 9

案例名称：用 Do Until … Loop 语句实现循环结构

【实验目的】

掌握 VBA 程序设计中"直到型"循环的使用方法。

【实验内容】

创建如图 8-10 所示"求 π 的近似值"窗体，单击"求解"按钮实现功能： 根据公式 $\pi/4=1-1/3+1/5-1/7+\ldots+1/n$ 计算 π 的近似值，当最后一项的绝对值小于 10^{-5} 时，停止计算。

【实验步骤】

(1) 打开"VBA 实验案例.accdb"数据库。

(2) 在数据库中创建如题目所要求的窗体，窗体名为"求 π 的近似值"，窗体及控件其余属性自行设定。

(3) 在窗体中，鼠标右击"求解"按钮，在弹出的快捷菜单中选择"事件生成器"→"代码生成器"，打开 VBE 的代码窗口，为"求解"按钮的 Click 事件编写相应的代码。

(4) 应用 Do Until … Loop 语句实现"直到型"循环，格式如下。

```
Do Until  条件
    循环体语句序列
Loop
```

(5) 保存窗体，并运行。

图 8-10　"求 π 的近似值"窗体

【参考代码】

"求解"按钮的 Click 事件代码：

```
Private Sub Command1_Click()
    Dim pi As Single, n As Long, t As Integer
    pi = 0
    n = 1
    t = 1
    Do Until 1 / n < 0.00001
        pi = pi + t / n
        t = -t
        n = n + 2
    Loop
    Text1.Value = pi * 4
End Sub
```

实验案例 10

案例名称：在立即窗口中输出九九乘法表

【实验目的】

掌握 VBE 编辑器中立即窗口的使用。

【实验内容】

创建如图 8-11 所示"输出九九乘法表"窗体，单击"输出"按钮实现功能：在立即窗口中输出九九乘法表，如图 8-12 所示。

【实验步骤】

(1) 打开"VBA 实验案例.accdb"数据库。

(2) 在数据库中创建如题目所要求的窗体，窗体名为"输出九九乘法表"，窗体及控件其余属性自行设定。

(3) 在窗体中，鼠标右击"输出"按钮，在弹出的快捷菜单中选择"事件生成器"→"代码生成器"，打开 VBE 的代码窗口，为"输出"按钮的 Click 事件编写相应的代码。

(4) 应用 For 循环语句嵌套编写相应代码，格式如下。

```
For  循环变量 i=初值  To  终值
    循环体语句序列 1
For  循环变量 j=初值  To  终值
    循环体语句序列 2
Next   j
…
    Next   i
```

(5) 用 Debug.Print 语句实现在立即窗口中输出内容。

(6) 保存窗体，并运行。

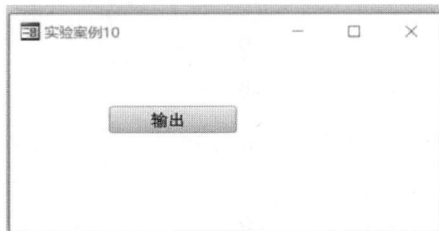

图 8-11　"输出九九乘法表"窗体

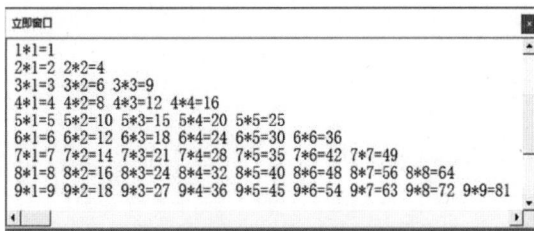

图 8-12　九九乘法表

【参考代码】

"输出"按钮的 Click 事件代码：

```
Private Sub Command1_Click()
    Dim i As Integer, j As Integer, s As String
    For i = 1 To 9
```

```
        s = ""
        For j = 1 To i
            s = s & i & "*" & j & "=" & i * j & " "
        Next
        Debug.Print s
    Next
End Sub
```

第 9 章

ADO数据库编程

9.1 知识要点

9.1.1 数据库引擎和接口

VBA 通过数据库引擎工具来实现对 Access 数据库的访问。

VBA 主要提供 3 种数据库访问接口。

1. 开放数据库互连应用程序接口(ODBC API)

ODBC 是数据库服务器的一个标准协议，是微软公司开发和定义的一套访问关系型数据库的标准接口，它为应用程序和数据库提供了一个定义良好、公共且不依赖数据库管理系统(DBMS)的应用程序接口(API)，并且保持着与 SQL 标准的一致性。API 的作用是为应用程序设计者提供单一和统一的编程接口，使同一个应用程序可以访问不同类型的关系数据库。

2. 数据访问对象(DAO)

DAO 既提供了一组具有一定功能的 API 函数，也提供了一个访问数据库的对象模型，在 Access 数据库应用程序中，开发者可利用其中定义的一系列数据访问对象(如 Database、RecordSet 等)，实现对数据库的各种操作。

3. 动态数据对象(ADO)

ADO 是基于组件的数据库编程接口，它提供了一个用于数据库编程的对象模型，开发者可利用其中的一系列对象，如 Connection、Command、Recordset 对象等，实现对数据库的操作。ADO 是对微软的所支持的数据库进行操作的最有效和最简单直接的方法，是功能强大的数据访问编程模式。

9.1.2　ADO

ADO 是一个便于使用的应用程序层接口，是为微软公司最新和最强大的数据访问规范对象链接嵌入数据库(Object Linking and Embedding DataBase，OLE DB)而设计的。ADO 以 OLE DB 为基础，对 OLE DB 底层操作的复杂接口进行封装，使应用程序通过 ADO 中极简单的 COM 接口，就可以访问来自 OLE DB 数据源的数据，这些数据源包括关系及非关系数据库、文本和图形等。ADO 在前端应用程序和后端数据源之间使用了最少的层数，将访问数据库的复杂过程抽象成易于理解的具体操作，并由实际对象来完成，使用起来简单方便。

9.1.3　ADO 主要对象

1. ADO 对象模型

ADO 定义了一个可编程的对象集，主要包括 Connection、Recordset、Command、Parameter、Field、Property 和 Error 共 7 个对象。

ADO 对象集中包含了三大核心对象，即 Connection(连接)、Recordset(记录集)和 Command(命令)对象。在使用 ADO 模型对象访问数据库时，Connection 对象通过连接字符串(包括数据提供程序、数据库、用户名及密码等参数)建立与数据源的连接；Command 对象通过执行存储过程、SQL 命令等，实现数据的查询、增加、删除、修改等操作；Recordset 对象可将从数据源按行返回的记录集存储在缓存中，以便对数据进行更多的操作。

2. Connection 对象

Connection 对象代表应用程序与指定数据源进行的连接，包含了关于某个数据提供的信息，以及关于结构描述的信息。应用程序通过 Connection 对象不仅能与各种关系数据库(如 SQL Server、Oracle、Access 等)建立连接，也可以同文本文件、Excel 电子表等非关系数据源建立连接。

(1) Connection 对象的常用属性有 ConnectionString，即连接字符串，指在连接数据源之前设置的所需要的数据源信息，如数据提供程序、数据库名称、用户名及类型等。

设置 ConnectionString 属性的语法：

连接对象变量.ConnectionString="参数 1=值；参数 2=值；……"

(2) Connection 对象的常用方法有 Open(打开连接)和 Close(关闭连接)。

① Open 方法用于实现应用程序与数据源的物理连接。Open 方法的格式：

连接对象变量.Open ConnectionString,User D,Password

② Close 方法用于断开应用程序与数据源的物理连接，即关闭连接对象。Close 方法的格式：

连接对象变量.Close

Close 方法只是断开应用程序与数据源的连接，而原先存在于内存中的连接变量并没有释放，还继续存在。为了节省系统的资源，最好也要释放内存中的连接变量。释放连接变量的格式：

```
Set 连接变量=Nothing
```

(3) 使用 Connection 对象与指定数据源的连接的一般步骤如下。

① 创建 Connection 对象变量。

② 设置 Connection 对象变量的 ConnectionString 属性值。

③ 用 Connection 对象变量的 Open 方法实现与数据源的物理连接。

④ 待对数据源的操作结束后，用 Connection 对象变量的 Close 方法断开与数据源的连接。

⑤ 用 Set 命令将 Connection 对象变量从内存中释放。

3. Recordset 对象

Recordset(记录集)对象表示的是来自基本表或命令执行结果的记录全集。Recordset 对象包含某个查询返回的记录，以及返回记录中的游标。所有的 Recordset 对象中的数据在逻辑上均使用记录(行)和字段(列)进行构造，每个字段表示为一个 Field 对象。不论在任何时候，Recordset 对象所指的当前记录均为集合内的单个记录。使用 ADO 时，通过 Recordset 对象几乎可对数据进行所有的操作。

(1) 在使用 ADO 的 Recordset 对象之前，应先声明并初始化一个 Recordset 对象，例如：

```
Dim rs As ADODB.Recordset
Set rs=New ADODB.Recordset
```

(2) 创建了记录集对象变量后，就可以通过记录集对象的 Open 方法连接到数据源，并获取来自数据源的查询结果，即记录集。

记录集对象变量的 Open 方法语法：

```
记录集对象变量.Open Source,ActiveConnecion,,CursorType,LockType,Options
```

(3) Recordset(记录集)对象的常用属性和方法。

① ActiveConnection 属性。通过设置 ActiveConnection 属性使记录集对象要打开的数据源与已经定义好的 Connection 对象相关联。ActiveConnection 属性值可以是有效的 Connection 对象变量或设置好参数值的 ConnectionString 连接字符串。

② RecordCount 属性。返回 Recordset 记录集对象中记录的个数。

③ BOF 和 EOF 属性。如果当前记录在 Recordset 对象的第一条记录之前，那么 BOF 属性值为 True，否则都为 False；如果当前记录在 Recordset 对象的最后一条记录之后，那么 EOF 属性值为 True，否则都为 False。根据这个属性，可循环整个记录集中的所有记录，即当 EOF 的属性值为 True 时，可知已经循环完所有记录。

④ AddNew 方法。在记录集对象中增加记录，格式：

```
记录集对象变量.AddNew
```

⑤ Delete 方法。在记录集对象中删除当前记录，格式：

记录集对象变量.Delete

⑥ Update 方法。立即更新方式，将记录集对象中当前记录的更新内容立即保存到所连接数据源的数据库中，格式：

记录集对象变量. Update

⑦ Move 方法。可以使用记录集对象的 MoveFirst、MoveLast、MoveNext、MovePrevious 和 Move 等方法将记录指针移动到指定的位置。

MoveFirst：记录指针移动到记录集的第一条记录。

MoveLast：记录指针移动到记录集的最后一条记录。

MoveNext：记录指针向前(向下)移动一条记录。

MovePrevious：记录指针向后(向上)移动一条记录。

Move n 或 Move‐n：记录指针向前或向后移动 n 条记录。

⑧ Close 方法。可以关闭一个已打开的 Recordset 对象，并释放相关的数据和资源。格式：

记录集对象变量.Close

如果同时还要将 Recordset 对象从内存中完全释放，则还应设置 Recordset 对象为 Nothing。格式：

Set 记录集对象变量=Nothing

⑨ Fields 集合。Recordset 对象还包含一个 Fields 集合，记录集的每一个字段都有一个 Field 对象。引用 Recordset 对象当前记录的某个字段数据的格式：

记录集对象变量.Fields(字段名).Value，可简化为：记录集对象变量 (字段名)

(4) 在应用 ADO 的 Recordset 对象进行数据库的连接和数据记录的访问时，主要有 3 种不同的方法可以实现。

① 创建 Connection 连接对象建立与指定数据源的连接，并将该 Connection 连接对象作为 Recordset 记录集对象 Open 方法中 ActiveConnection 属性的值。

② 不创建 Connection 连接对象，直接用有效的 ConnectionString 连接字符串作为 Recordset 记录集对象 Open 方法中 ActiveConnection 属性的值。

③ 由于在大部分的 Access 应用中，应用程序与数据源通常在同一个数据库中，这种情况下就可以缺省方法 2 中 ConnectionString 连接字符串的相关参数设置，直接将 ConnectionString 连接字符串的属性值设置为 CurrentProject.Connection，即表示连接的是当前数据库。

4. Command 对象

Command(命令)对象用以定义并执行针对数据源的具体命令，即通过传递指定的 SQL 命令来操作数据库，如建立数据表、删除数据表、修改数据表的结构等操作。应用程序也可以通过 Command 对象查询数据库，并将运行结果返回给 Recordset(记录集)对象，以完成更多的增加、删除、更新、筛选记录等操作。

(1) 在使用 Command 对象前，应声明并初始化一个 Command 对象，例如：

```
Dim comm As ADODB.Command
Set comm=New ADODB.Command
```

(2) Command 对象的常用属性和方法。

① ActiveConnection 属性。通过设置 ActiveConnection 属性使 Command 对象与已经定义并且打开的 Connection 对象相关联。ActiveConnection 属性值可以是有效的 Connection 对象变量或设置好参数值的 ConnectionString 连接字符串。

② CommandText 属性。表示 Command 对象要执行的命令文本，通常是数据表名、完成某个特定功能的 SQL 命令或存储过程的调用语句等。

③ Execute 方法。Command 对象最主要的方法，用来执行 CommandText 属性所指定的 SQL 语句或存储过程等。Execute 方法有以下两种。

其一是有返回记录集的执行方式，格式：

```
Set 记录集对象变量=命令对象变量. Execute
```

其二是无返回记录集的执行方式，格式：

```
命令对象变量. Execute
```

④ 将 Command 对象从内存中完全释放，需要用 Set 语句设置 Command 对象为 Nothing。格式：

```
Set 命令对象变量=Nothing
```

9.1.4　ADO 在 Access 中的应用

1. 引用 ADO 类库

ADO 是面向对象的设计方法，有关 ADO 的各个对象的定义都集中在 ADO 类库中。在默认情况下，VBA 并没有加载 ADO 类库。因此在进行数据库编程时，要使用 ADO 对象，首先要引用 ADO 类库。

2. ADO 数据库编程的一般方法

在 Access 应用程序开发中，在当前数据库下使用 ADO 的 Recordset 对象访问数据库并对数据进行操作的一般方法如下。

(1) 首先用 Dim 语句声明一个 Recordset 变量，并用 Set 语句实例化。

(2) 使用 Recordset 变量的 Open 方法连接数据源，并返回所查询的记录内容。由于连接的是当前数据库，Open 方法中的 ActiveConnecion 参数值可以直接设置为 CurrentProject.Connection，数据源一般设置为 SQL 查询语句或数据表名，同时根据实际需要，游标类型和记录锁定类型的参数值可以都设置为 2。

(3) 根据需要对 Recordset 对象中的数据进行操作，如用"记录集对象变量(字段名)"引用 Recordset 对象中字段的值，对字段进行更新、删除、计算等操作。

(4) 对数据操作完成后，用 Close 方法关闭记录集对象，并用 Set 命令将记录集对象从内存中释放。

9.2 思考与练习

9.2.1 选择题

1. ADO 中的三个最主要的对象是( )。

　A. Connection、Recordset 和 Command　　　　B. Connection、Recordset 和 Field

　C. Recordset、Field 和 Command　　　　D. Connection、Parameter 和 Command

2. ADO 用于存储来自数据库基本表或命令执行结果的记录集的对象是( )。

　A. Connection　　　　B. Record　　　　C. Recordset　　　　D. Command

3. ADO 用于实现应用程序与数据源相连接的对象是( )。

　A. Connection　　　　B. Field　　　　C. Recordset　　　　D. Command

4. ADO 用于执行 SQL 命令的对象是( )。

　A. Connection　　　　B. Field　　　　C. Recordset　　　　D. Command

5. 往记录集对象 my_rs 中添加一个新的记录，应使用的命令是( )。

　A. my_rs AddNew　　　　B. my_rs.Append

　C. my_rs Append　　　　D. my_rs.AddNew

6. 设 rs 为记录集对象，则 rs.MoveLast 的作用是( )。

　A. 记录指针从当前位置向后移动 1 条记录

　B. 记录指针从当前位置向前移动 1 条记录

　C. 记录指针移到最后一条记录

　D. 记录指针移到最后一条记录之后

7. 若 Recordset 对象的 BOF 属性值为"真"，表示记录指针当前位置在( )。

　A. Recordset 对象第一条记录之前

　B. Recordset 对象第一条记录

　C. Recordset 对象最后一条记录之后

　D. Recordset 对象最后一条记录

8. 若 Recordset 对象的 EOF()值为 True，则记录指针当前位置在( )。

　A. Recordset 对象末记录之后　　　　B. Recordset 对象末记录

　C. Recordset 对象首记录之前　　　　D. Recordset 对象首记录

9. 设 rs 为记录集对象变量，则 Set rs=nothing 的作用是(　　)。

　　A. 关闭 rs 对象中当前的记录　　　　　B. 将 rs 对象从内存中释放

　　C. 关闭 rs 对象，但不从内存中释放　　D. 关闭 rs 对象中最后一条记录

10. 若要将记录集对象 rs 从内存中完全释放，应使用命令(　　)。

　　A. Set rs=Nothing　　　　　　　　　　B. Set rs Nothing

　　C. rs.Close　　　　　　　　　　　　　D. Set rs Close

9.2.2　填空题

1. VBA 主要提供了_____、_____和_____3 种数据库访问接口。

2. ADO 的全称是_____。

3. ADO 对象模型的三个核心对象是_____、_____和_____。

4. ADO 中 Connection 对象用于数据源连接参数设置的属性是_____。

5. ADO 中 Command 对象用于传递操作数据库命令如 SQL 语句等的属性是_____。

6. ADO 模型中用于存储来自数据库的表或命令执行结果的记录集对象是_____。

7. Recordset 对象中的 BOF 属性表示_____，EOF 属性表示_____。

8. 要将 Recordset 对象中当前记录的更新内容保存到数据库中，可以用_____方法。

9. 要将 Recordset 对象中记录的指针向前移动一条记录，应该用_____方法。

10. 在 Access 应用 ADO 进行数据库编程中，如果连接的是当前数据库，那么 Recordset 对象的 ActiveConnection 属性可以设置为_____。

9.2.3　简答题

1. Access 应用程序设计中有哪几种数据访问接口？

2. 什么是 ADO？ADO 的核心对象有哪些？

3. Recordset 对象有哪些常用的属性和方法，有什么作用？

4. Access 中使用 ADO 的 Recordset 对象访问数据库的一般步骤有哪些？

9.2.4　程序设计题

1. 打开"教务管理.accdb"数据库，设计浏览 Stu 数据表中学生基本信息的窗体，功能如下。

(1) 窗体刚打开时，窗体各文本框中显示 Stu 表第一条记录的相应字段的内容。

(2) 单击窗体上的 4 个记录指针移动按钮，分别是首记录、末记录、前一条记录和后一条记录，可依次在窗体文本框中显示 Stu 表对应记录的各字段的内容。

2. 打开"教务管理.accdb"数据库，在第 1 题的基础上，设计修改 Stu 数据表中学生基本信息的窗体，新增功能如下。

(1) 单击"增加记录"按钮，将窗体上新增的记录保存到 Stu 表中。

(2) 单击"删除记录"按钮，将 Stu 表中相应记录删除。

(3) 单击"更新"记录按钮，将窗体上当前记录的修改结果保存到 Stu 表中。

3. 打开"教务管理.accdb"数据库，设计窗体，按学期查询 Course 表中的课程名称，

并统计该学期全部课程的门数、平均学时和总学分，详细功能如下。

(1) 在组合框 Combo1 中选择某一学期，则窗体上对应的列表框 List1 中显示该学期的所有课程名称。

(2) 在窗体对应的文本框 Text1 中显示该学期全部课程的门数。

(3) 在窗体对应的文本框 Text2 中显示该学期全部课程的平均学时。

(4) 在窗体对应的文本框 Text3 中显示该学期全部课程的总学分。

4. 打开"教务管理.accdb"数据库，设计按学号查询 Grade 表和 Course 表中该学生选修课程和课程学期总评成绩的窗体，功能如下。

(1) 在组合框 Combo1 中选择某一学号，则窗体上对应的列表框 List1 中显示该学生选修的所有课程名称和该课程的总评成绩，其中总评成绩=平时成绩*30%+期末成绩*70%。

(2) 在窗体对应的文本框 Text1 中显示该学生所选课程门数。

(3) 在窗体对应的文本框 Text2 中显示该学生所选全部课程的平均总评成绩。

9.3 实验案例

实验案例 1

案例名称：按指定条件获取记录集，并逐条浏览记录

【实验目的】

掌握使用 Recordset 对象的属性和方法进行 Access 数据库编程的基本方法。

【实验内容】

创建如图 9-1 所示"按学号浏览 Grade 表"窗体。实现功能：根据 Grade 表的内容，在组合框 Combo1 中选择某一学号，则窗体上对应的文本框中显示该生所选修的第一门课的课程编号和该课程的总评成绩，其中总评成绩=平时成绩*30%+期末成绩*70%；单击窗体上的 4 个记录指针移动按钮，分别是首记录、末记录、上一条记录和下一条记录，可依次在窗体文本框中显示该生所选修的其余课程的课程编号和该课程的总评成绩。

图 9-1 "按学号浏览 Grade 表"窗体

【实验步骤】

(1) 打开"教务管理.accdb"数据库。

(2) 在数据库中创建如题目所要求的窗体，窗体名为"按学号浏览 Grade 表"，窗体组

合框 Combo1 的数据源为 Stu 表的学号字段，窗体及控件其余属性自行设定。

(3) 在窗体中，鼠标右击组合框 Combo1，在弹出的快捷菜单中选择"事件生成器"→"代码生成器"，打开 VBE 的代码窗口，为 Combo1 的 Change 事件编写相应的代码。

(4) 在 VBE 的代码窗口中，为 4 个按钮的单击事件编写相应的代码。

(5) 保存窗体并运行。

【参考代码】

(1) 窗体通用段声明记录集变量 rs：

```
Dim rs As ADODB.Recordset
```

(2) 组合框 Combo1 的 Change 事件代码：

```
Private Sub Combo1_Change( )
    Set rs = New ADODB.Recordset
    rs.Open "select * from grade where  学号='" & Combo1 & "'", CurrentProject.Connection, 2, 2
    Text1.Value = rs("课程编号")
    Text2.Value = rs("平时成绩") * 0.3 + rs("期末成绩") * 0.7
End Sub
```

(3) "首记录"按钮的 Click 事件代码：

```
Private Sub Command1_Click( )
    rs.MoveFirst
    Text1.Value = rs("课程编号")
    Text2.Value = rs("平时成绩") * 0.3 + rs("期末成绩") * 0.7
End Sub
```

(4) "末记录"按钮的 Click 事件代码：

```
Private Sub Command2_Click( )
    rs.MoveLast
    Text1.Value = rs("课程编号")
    Text2.Value = rs("平时成绩") * 0.3 + rs("期末成绩") * 0.7
End Sub
```

(5) "上一条记录"按钮的 Click 事件代码：

```
Private Sub Command3_Click( )
    rs.MovePrevious
    If rs.BOF Then
        rs.MoveFirst
    End If
    Text1.Value = rs("课程编号")
    Text2.Value = rs("平时成绩") * 0.3 + rs("期末成绩") * 0.7
End Sub
```

(6) "下一条记录"按钮的 Click 事件代码:

```
Private Sub Command4_Click( )
    rs.MoveNext
    If rs.EOF Then
        rs.MoveLast
    End If
    Text1.Value = rs("课程编号")
    Text2.Value = rs("平时成绩") * 0.3 + rs("期末成绩") * 0.7
End Sub
```

实验案例 2

案例名称：按指定条件从表中获取记录集

【实验目的】

掌握使用 Recordset 对象的属性和方法进行 Access 数据库编程的基本方法。

【实验内容】

创建如图 9-2 所示"按学期查询课程名称"窗体。实现功能：根据 Course 表的内容，在组合框 Combo1 中选择某一学期，则窗体上对应的列表框 List1 中显示该学期所有课程的名称。

图 9-2 "按学期查询课程名称"窗体

【实验步骤】

(1) 打开"教务管理.accdb"数据库。

(2) 在数据库中创建如题目所要求的窗体，窗体名为"按学期查询课程名称"，窗体组合框 Combo1 的数据源为 Course 表的学期字段(取唯一值)，窗体及控件其余属性自行设定。

(3) 在窗体中，鼠标右击组合框 Combo1，在弹出的快捷菜单中选择"事件生成器"→"代码生成器"，打开 VBE 的代码窗口，为 Combo1 的 Change 事件编写相应的代码。

(4) 保存窗体，并运行。

【参考代码】

组合框 Combo1 的 Change 事件代码:

```
Private Sub Combo1_Change( )
    Dim rs As ADODB.Recordset,str1$
    Set rs = New ADODB.Recordset
    List1.RowSource = ""
    str1 = "select * from course where  学期=" & Combo1.Value &" ' "
    rs.Open str1, CurrentProject.Connection, 2, 2
    Do While Not rs.EOF
        List1.AddItem rs("课程名称")
```

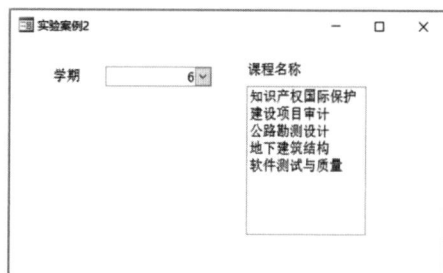

```
        rs.MoveNext
    Loop
End Sub
```

实验案例 3

案例名称：按指定条件从多个表中获取记录集

【实验目的】
掌握使用 Recordset 对象的属性和方法进行 Access 数据库编程的基本方法。

【实验内容】
创建如图 9-3 所示"按教师工号统计课程信息"窗体。实现功能：根据表 Emp 和 Course 的内容，在组合框 Combo1 中选择某一教师工号，则窗体上对应的文本框中显示该教师所授课程门数及总学时。

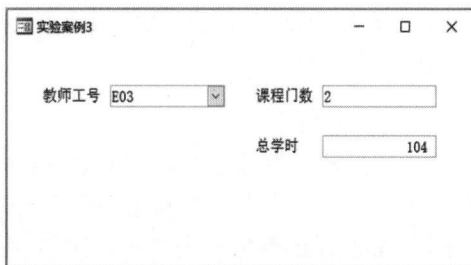

图 9-3　"按教师工号统计课程信息"窗体

【实验步骤】
(1) 打开"教务管理.accdb"数据库。

(2) 在数据库中创建如题目所要求的窗体，窗体名为"按教师工号统计课程信息"，窗体组合框 Combo1 的数据源为 Emp 表的工号字段，窗体及控件其余属性自行设定。

(3) 在窗体中，鼠标右击组合框 Combo1，在弹出的快捷菜单中选择"事件生成器"→"代码生成器"，打开 VBE 的代码窗口，为 Combo1 的 Change 事件编写相应的代码。

(4) 保存窗体，并运行。

【参考代码】
组合框 Combo1 的 Change 事件代码：

```
Private Sub Combo1_Change( )
  Dim rs As ADODB.Recordset
  Set rs = New ADODB.Recordset
  Dim str1 As String
  Text1 = ""
  Text2 = ""
  str1 = "select count(*) as ms,sum(学时) as ks   from course where  教师工号='" & Combo1.Value & "'"
  rs.Open str1, CurrentProject.Connection, 2, 2
  Text1.Value = rs("ms")
  Text2.Value = rs("ks")
End Sub
```

实验案例 4

案例名称：修改及删除数据表的记录

【实验目的】

掌握使用 Recordset 对象的属性和方法进行 Access 数据库记录的编辑操作。

【实验内容】

创建如图 9-4 所示"按工号编辑教师信息"窗体。实现功能：根据 Emp 表，在组合框 Combo1 中选择某一位教师的工号，则窗体上对应的文本框中显示该教师的工号、姓名、职称、学院代号和办公电话等信息；单击"修改"按钮将窗体上修改过的教师信息保存到 Emp 表中；单击"删除"按钮将删除 Emp 表中的相应记录。

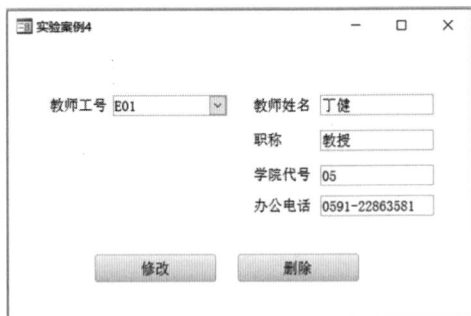

图 9-4 "按工号编辑教师信息"窗体

【实验步骤】

(1) 打开"教务管理.accdb"数据库。

(2) 在数据库中创建如题目所要求的窗体，窗体名为"按工号编辑教师信息"，窗体组合框 Combo1 的数据源为 Emp 表的工号字段，窗体及控件其余属性自行设定。

(3) 在窗体中，鼠标右击组合框 Combo1，在弹出的快捷菜单中选择"事件生成器"→"代码生成器"，打开 VBE 的代码窗口，为 Combo1 的 Change 事件编写相应的代码。

(4) 在 VBE 的代码窗口中，为"修改"和"删除"两个按钮的单击事件编写相应的代码。

(5) 保存窗体并运行。

【参考代码】

(1) 组合框 Combo1 的 Change 事件代码：

```
Private Sub Combo1_Change( )
    Set rs = New ADODB.Recordset
    Dim str1 As String
    str1 = "Select * From emp Where  工号='" & Combo1.Value & "'"
    rs.Open str1, CurrentProject.Connection, 2, 2
    Text1.Value = rs("姓名")
    Text2.Value = rs("职称")
    Text3.Value = rs("学院代号")
    Text4.Value = rs("办公电话")
End Sub
```

(2) "修改"按钮的 Click 事件代码：

```
Private Sub Command1_Click( )
    Dim qr As Integer
    qr = MsgBox("确定修改当前记录吗？ ", 1 + 32, "询问")
    If qr = 1 Then
```

```
        rs("姓名") = Text1.Value
        rs("职称") = Text2.Value
        rs("学院代号") = Text3.Value
        rs("办公电话") = Text4.Value
        rs.Update
        MsgBox "记录已修改！", 0 + 64, "提示"
    Else
        MsgBox "操作取消！", 0 + 64, "提示"
    End If
End Sub
```

(3) "删除" 按钮的 Click 事件代码：

```
Private Sub Command2_Click( )
    Dim qr As Integer
    qr = MsgBox("确定删除当前记录吗？", 1 + 32, "询问")
    If qr = 1 Then
        rs.Delete
        MsgBox "当前记录已删除！", 0 + 64, "提示"
        Text1.Value = ""
        Text2.Value = ""
        Text3.Value = ""
        Text4.Value = ""
    Else
        MsgBox "操作取消！", 0 + 64, "提示"
    End If
End Sub
```

第10章

数据库应用系统开发

10.1 知识要点

10.1.1 软件

软件指的是计算机系统中与硬件相互依存的另一部分,是程序、数据和相关文档的完整集合。根据应用目标的不同,软件可分为应用软件、系统软件和支撑软件(或工具软件)。

软件工程是将系统化的、规范的、可度量的方法应用于软件的开发、运行和维护的过程,即将工程化应用于软件开发中。

软件工程过程是把输入转化为输出的一组彼此相关的资源和活动。

软件生命周期分为3个阶段:软件定义阶段→软件开发阶段→软件维护阶段。

10.1.2 软件测试

软件测试是为了发现错误而执行程序的过程。软件测试是保证软件质量的重要手段,其主要过程涵盖了整个软件生命期,包括需求定义阶段的需求测试,编码阶段的单元测试,集成测试,以及其后的确认测试、系统测试、验证软件是否合格、能否交付用户使用等。

软件测试的方法有多种,从是否需要执行被测软件的角度来看,可以分为静态测试和动态测试;若按功能划分,可以分为白盒测试和黑盒测试。

软件测试的实施过程主要包括 4 个步骤:单元测试、集成测试、确认测试(验收测试)和系统测试。

10.1.3　程序调试

在对程序进行了成功的测试之后将进入程序的调试。程序的调试通常称 Debug，即排错。调试是测试成功之后的步骤，即调试是在测试发现错误之后排除错误的过程。

程序调试活动由两部分组成，一是根据错误的迹象确定程序中错误的确切性质、原因和位置；二是对程序进行修改，排除这个错误。

软件测试是尽可能多地发现软件中的错误，而程序调试的任务是诊断和改正程序中的错误。软件测试贯穿整个软件生命周期，程序调试主要在开发阶段。

调试的关键在于推断程序内部的错误位置及原因。程序调试可分为静态调试和动态调试。

10.1.4　什么是大模型

大模型是大语言模型(Large Language Model，LLM)的简称，它是基于深度学习技术构建的人工智能系统。通过在大量文本数据上进行训练，这些模型能够生成与人类语言相似的文本，并执行各种自然语言处理任务。这些模型通常具有大量的参数，数量从几亿到数千亿不等，这使得它们能够在广泛的上下文中理解和生成复杂的语言模式。简而言之，LLM是具有庞大的参数规模和复杂程度的深度机器学习模型。大模型凭借其强大的语言理解、生成和知识迁移能力，在众多领域得到了广泛应用。

10.1.5　大模型的发展

大模型的发展经历了 4 个阶段：孕育期→基础模型期→能力探索期→突破发展期。

10.1.6　大模型应用体验

Wetab 是一款功能强大、可个性化定制、内置丰富小组件的标签页插件，网页版地址为 https://www.wetab.link/。Wetab 采用了 iOS 苹果小组件卡片设计风格，内置倒计时、纪念日、天气、热搜、计算器和 ChatAI 等超酷小组件。Wetab 内置的 ChatAI 小组件是基于 ChatGPT 的免费工具，可以为国内用户提供稳定的聊天体验。

10.1.7　大模型辅助开发案例

Access 2016 支持创建两种类型的数据库：客户端数据库和 Web 数据库，它们均支持.mdb、.accdb 和.accde 等多种文件格式。

通过访问 https://chat.deepseek.com/，用户可以体验 deepseek 大模型辅助开发"社区垃圾分类管理系统"的过程。

10.2 思考与练习

10.2.1 选择题

1. 程序调试的主要任务是(　　)。
   - A. 检查错误
   - B. 改正错误
   - C. 发现错误
   - D. 挖掘软件的潜能
2. 下列不属于程序调试基本步骤的是(　　)。
   - A. 分析错误原因
   - B. 错误定位
   - C. 修改设计代码以排除错误
   - D. 进行回归测试，防止引入新错误
3. 在修改程序错误时应遵循的原则有(　　)。
   - A. 注意修改错误本身而不仅仅是错误的征兆和表现
   - B. 修改错误的是源代码而不是目标代码
   - C. 遵循在程序设计过程中的各种方法和原则
   - D. 以上 3 个都是
4. 下列不属于使用软件开发工具好处的是(　　)。
   - A. 减少编写程序代码工作量
   - B. 保证软件开发的质量和进度
   - C. 节约软件开发人员的时间和精力
   - D. 使软件开发人员将时间和精力花费在程序的编写和调试上
5. 下列叙述中正确的是(　　)。
   - A. 软件测试应该由程序开发者来完成
   - B. 程序经调试后一般不需要再测试
   - C. 软件维护只包括对程序代码的维护
   - D. 以上 3 种说法都不对
6. 以下关于软件特点的叙述中，正确的是(　　)。
   - A. 软件是一种物理实体
   - B. 软件在运行使用期间不存在老化问题
   - C. 软件开发、运行对计算机没有依赖性，不受计算机系统的限制
   - D. 软件的生产有一个明显的制作过程
7. 软件生命周期的主要活动阶段是(　　)。
   - A. 软件开发
   - B. 需求分析
   - C. 软件确认
   - D. 软件演进
8. 软件测试的目的是(　　)。
   - A. 发现程序中的错误
   - B. 演示程序的正确性
   - C. 证明程序没有错误
   - D. 改正程序中的错误

9. 在软件生命周期中，能准确确定软件系统必须做什么和具备哪些功能的阶段是（　　）。

    A. 详细设计　　　　　B. 概要设计　　　　　C. 需求分析　　　　　D. 可行性分析

10. 需求分析的常用工具是(　　)。

    A. PAD　　　　　　　B. DFD　　　　　　　C. HIPO　　　　　　　D. PDL

10.2.2　填空题

1. Access 2016 支持创建_____和_____两种类型的数据库。

2. 程序调试的任务是_____。

3. 软件测试是_____的过程，它属于软件生命周期的_____阶段。

4. 用 Access 开发的数据库应用程序属于_____软件。

5. 在对程序进行了成功的测试之后将进行程序的_____。

10.2.3　简答题

1. 什么是计算机软件？它具有哪些特点？

2. 软件测试与程序调试之间是怎样的关系？

3. 软件的生命周期分为哪几个阶段？

4. 大模型如何赋能数据库应用系统的开发？

10.3　实验案例

实验案例 1

案例名称：参赛歌手数据库的操作实验

【实验目的】

掌握数据表、查询和报表的基本操作。

【实验内容】

在"第 10 章实验案例"文件夹下打开数据库"实验案例 1.accdb"，完成如下操作：

(1) 数据表的基本操作。

① 修改"歌手"表的表结构，将"歌手编号"字段类型改为文本型，字段大小为 5，并设置为主键。

② 在"歌手"表的"性别"字段与"国籍"字段之间添加一个整型的数字字段"年龄"。

③ 设置"歌手"表的"性别"字段只能输入"男"或"女"；"国籍"字段的默认值是"中国"。

④ 建立"歌手"表与"歌曲"表之间的"参照完整性"关系。

(2) 利用"参赛者"表，创建名为"选送人数"的查询，统计每个选送城市的参赛人数，列出"选送城市"和"人数"字段。

(3) 利用"参赛者""评委"和"评分" 3 张表，创建名为"选手得分情况"的查询。要求查询来自福州的歌手的得分情况，列出"选手姓名""选送城市""评委姓名"和"分数"字段。

(4) 利用"参赛者""评委"和"评分" 3 张表，创建名为"参赛选手信息"的报表，显示"选手编号""选手姓名""性别""选送城市""评委姓名"和"分数"字段。查看数据方式为"通过参赛者表"，并在汇总选项中计算参赛者的平均分数，其他选项默认。设置报表标题为"参赛选手信息"。

【请思考】

如果参赛者的平均得分的计算方式是：将评委的打分去掉一个最高分和一个最低分之后求平均，那么"参赛选手信息"报表又该如何创建？

实验案例 2

案例名称：演艺经纪公司数据库的操作实验

【实验目的】

掌握数据表、查询和宏的基本操作。

【实验内容】

在"第 10 章实验案例"文件夹下打开数据库"实验案例 2.accdb"，完成如下操作。

(1) 数据表的基本操作。

① 修改"经纪公司"表的表结构，添加两个字段："是否上市"(数据类型：是/否，格式：真/假)和"成立时间"(数据类型：日期/时间)。

② 分析"经纪公司"表各字段，设置一个主键字段。

③ 在"经纪公司"表中添加两条记录：

公司名称	地址	法人代表	是否上市	成立时间
新视野	福州市八一七北路 9 号	李大为	√	2015-02-01
VR&AR	厦门市鹭岛路 200 号	赵一爽		2017-09-17

(2) 利用"参演情况"表，创建名为"总片酬统计"的查询。统计各影片支出的总片酬，列出"片名"和"总片酬"两个字段，并按"总片酬"降序显示。

(3) 利用"演员"表和"参演情况"表，创建名为"参演影片数"的查询，统计各演员参演的影片数量，列出"姓名"和"参演影片数量"两个字段。

(4) 创建一个名为 MacroPWD 的条件宏，作用是：弹出一个提示信息为"请输入密码"的输入框，若输入的密码为 success 并单击"确定"按钮，则以只读方式显示"电影"表的内容。否则，弹出提示为"密码错误！"的消息框。

实验案例 3

案例名称：仓库管理数据库的操作实验

【实验目的】

掌握数据表、查询、报表和宏的基本操作。

【实验内容】

在"第 10 章实验案例"文件夹下打开数据库"实验案例 3.accdb"，完成如下操作。

(1) 数据表的基本操作。

① 打开"仓库信息"表，删除"编号"字段，并将"仓库编号"设置为主键；将"仓库面积"字段的数据类型修改为数字型；设置"安全性能"字段只允许输入"安全"或者"不安全"，若输入错误，则提示"错误，请重新输入！"。

② 在"仓库信息"表中添加如下一条记录：

仓库编号	仓库名称	仓库面积	建成日期	安全性能
V2017	食品仓库 V	1900	2017-09-19	安全

③ 建立"仓库信息"表与"仓库安排"表之间的"参照完整性"关系。

(2) 为"仓库信息"表与"仓库安排表"创建一个名为"仓库使用情况"的查询，查询 2016 年李姓使用者使用仓库的信息，依次显示"仓库名称""仓库面积""使用者"和"使用年份"4 个字段。要求："使用年份"从"仓库安排"表的"使用日期"得出。

(3) 使用报表向导，为"仓库信息"表与"仓库安排"表创建一个名为"仓库使用一览表"的报表，输出信息包括："使用者""使用日期""仓库名称"和"仓库面积"4 个字段，并按照"仓库面积"每 1000 为单位进行分组，报表标题为"仓库使用一览表"。

(4) 创建一个名为 MacroCon 的宏，作用是弹出一个提示信息是"打开仓库信息表吗？"的对话框，单击"是"命令按钮，以只读方式显示"仓库信息"表；如果单击"否"，则弹出提示信息为"任务结束"的消息框。

实验案例 4

案例名称：旅游景点数据库的操作实验

【实验目的】

掌握数据表、查询、报表和宏的基本操作。

【实验内容】

在"第 10 章实验案例"文件夹下打开数据库"实验案例 4.accdb"，完成如下操作。

(1) 数据表的基本操作。

① 打开"导游信息"表，以"姓名"字段建立索引，索引允许有重复值。

② 在"导游信息"表的"姓名"字段后添加一个"性别"字段，其数据类型为"是/否"。"导游工号"字段的第一位字符"M"指男性，"F"指女性。请补充填写"导游信息"表中各记录的性别值，"性别"字段的值"-1"代表男性，"0"代表女性。

③ 在"导游信息"表中添加如下一条记录：

导游工号	姓名	性别	出生日期	联系电话
F0003	齐梦圆	0	1999/11/17	270959185

(2) 为"旅游景点评价"表创建一个名为"景区评价"的查询，按照"景区名称"进行分组，查询各景点评价信息，依次显示"景区编号""景点评价的最高值""景点评价的最低值"和"景点评价的平均值"4 个字段。

(3) 为"游客信息"表和"旅游景点评价"表创建一个名为"上海游客评价"的查询，查询 30～50 岁的上海游客的旅游评价信息，依次输出"姓名""年龄""景区名称""景点评价"和"联系电话"5 个字段。

(4) 使用报表向导，为"游客信息"表创建一个名为"游客信息一览表"的报表，输出信息包括："姓名""性别""年龄""来源地"和"联系电话"5 个字段，并对来源地分组，按年龄降序排，报表标题为"游客信息一览表"。

(5) 创建一个名为 MacroInfo 的宏，弹出一个标题为"注意"、提示信息为"下面将显示游客基本信息"的对话框(只显示"确定"按钮)，单击"确定"按钮，以只读方式打开"游客信息"表，并最大化该窗口。

实验案例 5

案例名称：员工管理数据库的操作实验

【实验目的】
掌握数据表、查询、报表和宏的基本操作。

【实验内容】
在"第 10 章实验案例"文件夹下打开数据库"实验案例 5.accdb"，完成如下操作。

(1) 数据表的基本操作。

① 打开"员工信息"表，设置"出生日期"字段有效性规则为 1997-01-01 以前出生。

② 在"员工信息"表中输入以下记录：

员工编号	部门编号	员工姓名	性别	出生日期	移动电话	备注
A005	Z-DB	闵建杰	男	1959-10-09	18076543210	部门经理

(2) 利用"加班"表创建名为"上半年加班统计"的查询。查询"加班"表中 2017 年 1 月至 6 月的加班情况，并统计每位员工的加班天数，依次以"员工编号""部门编号"和"加班天数"3 个字段显示。

(3) 创建名为"男性员工出差情况"的查询，从"员工信息"表和"出差"表中查询男性员工的出差情况，依次列出"部门编号""员工编号""员工姓名"和"差旅天数"4 个字段，并按差旅天数升序显示。

(4) 使用报表向导，为"员工信息"表创建一个名为"按性别显示员工信息"的报表，输出信息依次包括"性别""出生日期""员工编号""员工姓名""部门编号"和"移动电话",按"性别"分组,"出生日期"升序显示员工信息,并设置报表标题为"按性别显示员工信息"。

(5) 创建名为 MacroEmp 的宏。运行该宏时,弹出一个提示信息为"请输入查询密码"的输入框,当输入 admin 并单击"确定"按钮后,以编辑方式显示"员工信息"表中的内容;否则计算机扬声器发出"嘟"声,并显示消息为"密码错误!",标题为"警示"的消息框。

实验案例 6

案例名称:中国行政区划管理系统

【实验目的】

掌握数据库创建的方法和步骤,熟悉小型数据库应用系统的开发过程。

【实验内容】

行政区划是国家为便于行政管理而分级划分的区域,行政区划亦称行政区域。截至 2022 年 12 月,我国共有一级行政区(省级行政区) 34 个(23 个省、5 个自治区、4 个直辖市和 2 个特别行政区),二级行政区(地级行政区) 333 个(293 个地级市、7 个地区、30 个自治州、3 个盟),三级行政区(县级行政区) 2843 个(977 个市辖区、394 个县级市、1301 个县、117 个自治县、49 个旗、3 个自治旗、1 个特区、1 个林区),四级行政区(乡级行政区) 38602 个(2 个区公所、8984 个街道、21389 个镇、7116 个乡、957 个民族乡、153 个苏木、1 个民族苏木)。

5 个自治区及成立时间:内蒙古自治区(1947 年 5 月 1 日)、新疆维吾尔自治区(1955 年 10 月 1 日)、广西壮族自治区(1958 年 3 月 5 日)、宁夏回族自治区(1958 年 10 月 25 日)、西藏自治区(1965 年 9 月 9 日)。

我国按照行政区划代码分为华北、华东、中南、东北、西南、西北六大区域,以下将港澳台地区单独列为一张表。各行政区划省份直辖市信息如表 10-1 至表 10-7 所示。

表 10-1 中国行政区划华北地区

名称	简称	政府住地邮编	行政代码
北京市	京	100001	110000
天津市	津	300040	120000
河北省	冀	050052	130000
山西省	晋	030072	140000
内蒙古自治区	内蒙古	010055	150000

表 10-2 中国行政区划东北地区

名称	简称	政府住地邮编	行政代码
辽宁省	辽	110032	210000
吉林省	吉	130051	220000
黑龙江省	黑	150001	230000

表 10-3　中国行政区划华东地区

名称	简称	政府住地邮编	行政代码
上海市	沪/申	200003	310000
江苏省	苏	210024	320000
浙江省	浙	310025	330000
安徽省	皖	230001	340000
福建省	闽	350003	350000
江西省	赣	330046	360000
山东省	鲁	250011	370000

表 10-4　中国行政区划中南地区

名称	简称	政府住地邮编	行政代码
河南省	豫	450003	410000
湖北省	鄂	430071	420000
湖南省	湘	410000	430000
广东省	粤	510031	440000
广西壮族自治区	桂	530012	450000
海南省	琼	570203	460000

表 10-5　中国行政区划西南地区

名称	简称	政府住地邮编	行政代码
重庆市	渝	400015	500000
四川省	川/蜀	610016	510000
贵州省	贵/黔	550004	520000
云南省	云/滇	650021	530000
西藏自治区	藏	850000	540000

表 10-6　中国行政区划西北地区

名称	简称	政府住地邮编	行政代码
陕西省	陕/秦	710004	610000
甘肃省	甘/陇	730030	620000
青海省	青	810000	630000
宁夏回族自治区	宁	750001	640000
新疆维吾尔自治区	新	830041	650000

表 10-7　中国行政区划港澳台地区

名称	简称	政府住地邮编	行政代码
香港特别行政区	港	999077	810000
澳门特别行政区	澳	999078	820000
台湾省	台	999079	710000

请结合本案例背景知识，网上浏览全国行政区划信息查询平台 http://xzqh.mca.gov.cn/

map，查询更多信息，用 Access 2016 创建"中国行政区划管理系统"。

基本要求：背景知识中一级行政区划代码有 7 张表，每张表有 4 个相同的字段名：名称、简称、政府驻地邮编和行政代码。要求开发的数据库应用系统对 7 张表中的 4 个字段均可以查询，还可以通过行政代码的首字符查询归属地区；若查询自治区信息，要显示自治区成立时间。

拓展思考：基于本案例，若还要添加对二、三级行政区的管理，则需要添加哪些实体？原数据表预留空间是否够用？如何进一步提高查询效率？若再添加对四级行政区的管理，是否要考虑 Access 向 SQL Server 数据库的迁移？

界面要求：欢迎首界面如图 10-1 所示，请以"中国长城.jpg"图片为背景。

图 10-1　中国行政区划管理系统界面

实验案例 7

案例名称：大学生竞赛综合管理系统

【实验目的】

掌握数据库创建的方法和步骤，熟悉小型数据库应用系统的开发过程。

【实验内容】

大学生竞赛为大学生所熟悉，设计大学生竞赛管理系统，不仅契合了高校各类赛事管理的实际需求，也适于关系数据库理论的实践升华。以第 1 章"实验案例 4"为基础，借鉴互联网"中国大学生计算机应用设计大赛"(http://www.jsjds.org/Index.asp)展示信息的方式，开发大学生竞赛综合管理系统。

大学生竞赛综合管理系统应依据用户要求，方便实现对数据库中各类数据的查询和输出；依据业务的需求，系统管理员可以随时对系统的数据进行编辑、更新和动态管理；合理安排赛事信息分类、检索方式，为用户提供方便快捷、人性化的管理服务。

(1) 对竞赛报名、参赛学生、参赛作品、评审专家、评审指标、赛事议程、赛场安排等管理活动涉及的数据进行收集、整理后，依据竞赛实际管理业务需求和 E-R 图，构建系统基本的 E-R 模型，如图 10-2 所示。利用 Access 设计和创建数据库及其各表，建立表结构、数据类型、字段属性、表间关系，对表进行优化，实施关系完整性设置，并向数据库表中录入数据。注意：多对多关系可以通过两个一对多关系实现。

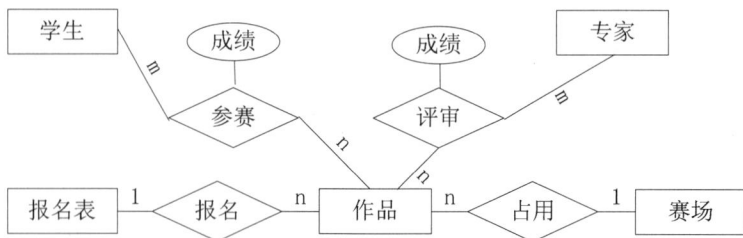

图 10-2　基本的 E-R 图

(2) 采用 Access 的窗体和自动宏设计，自动执行进入系统权限设置和调用各子系统界面，并设计各种信息的浏览与发布窗口。

(3) 利用 Access 的筛选、查询功能，按照用户的指定要求和已建立的数据库表及关系，实现对系统中各种数据的动态筛选、查询，得到符合用户需求的综合信息和应用结果。

(4) 利用 Access 的报表功能对赛事管理信息进行多维分析、统计、计算、汇总，并能打印出相关报表和图表。

(5) 利用 Access 的模块功能，在 VBE 中编写代码，对系统实现多种应用与管理操作。

实验案例 8

案例名称：高校学生社团管理系统

【实验目的】
掌握数据库创建的方法和步骤，熟悉小型数据库应用系统的开发过程。

【实验内容】
大学生校园文化丰富多彩，校方鼓励在校学生在完成专业学习的同时，创办和参加各类社团。以第 1 章"实验案例 5"为基础，开发高校学生社团管理系统。

高校学生社团管理系统需要对社联/社团数据和事务进行管理，以人机友好的界面展示校团委和社联/社团相关信息。

社联/社团的基础数据包括：社联/社团基本信息、部门信息、成员信息、往届干部信息、活动信息、器材场地信息等，系统的用户要设置权限，对这些数据进行安全的增、删、改、查操作。

系统要提供一些事务处理的功能，主要是对相关申请的提交与审核(如入团申请，成立社团申请，活动申请等)、活动的发布，以及对社联/社团内部部门及成员的管理等。

系统要对一些数据进行统计分析，其中包括收支的统计分析，社团活动的统计分析等。

系统总体 E-R 模型如图 10-3 所示。为体现高校以生为本的理念，利用 Access 设计时应首先考虑学生用户的使用体验。

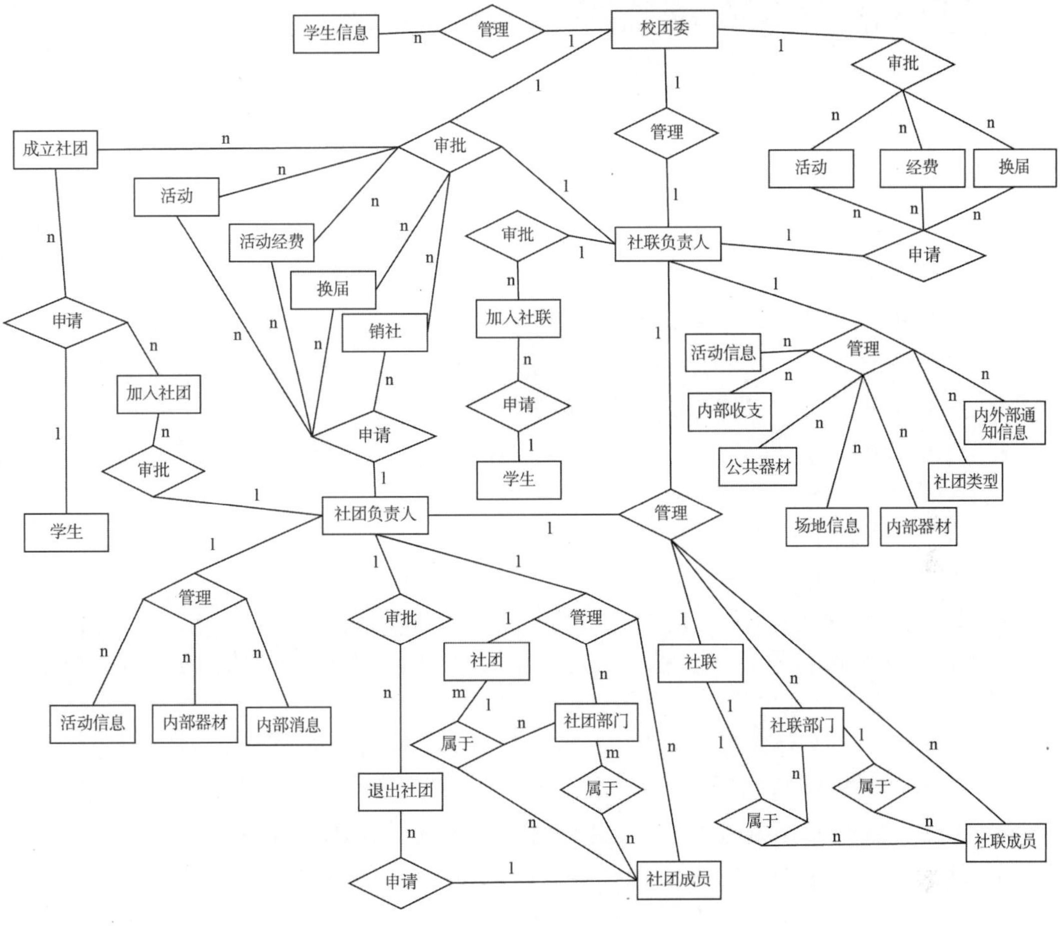

图 10-3　系统总体 E-R 图

实验案例 9

案例名称：大学生村官管理系统

【实验目的】

掌握数据库创建的方法和步骤，熟悉小型数据库应用系统的开发过程。

【实验内容】

大学生村官是指应届全日制普通高校本科及以上学历毕业生，走进农村担任村党组织书记助理、村委会主任助理或其他职务。本系统主要针对大学生村官管辖村落的工作信息进行管理，包括以下内容。

(1) 村情：了解并记录大学生村官所管辖的自然村的历史、政治及经济状况，管理重大事件发生的时间、地点及产生效果等信息。

(2) 民情：了解并记录大学生村官所管辖的自然村的村民信息及村民需求。

(3) 业绩：记录大学生村官在任期间进行的行政管理、村民管理、经济管理业务所取得的成绩；管理新科技产业有关的技术资料和招商引资等信息。

(4) 日常工作：对本村行政事务处理、精神文明建设，开展的经济种植业、畜牧业、新科技产业等日常工作信息进行管理。

(5) 学习日志：对大学生村官个人的学习记录和学习计划等信息进行管理。

(6) 日常生活：对大学生村官个人的基本信息和日常工作、生活的流水账等信息进行管理。

(7) 交友日志：对大学生村官个人的友人信息，以及与友人一起活动的记录信息进行管理。

设计逻辑模型，可用以下关系模式表示。

- 村民(村民编号，姓名，性别，身份证号，所属村庄，政治面貌，学历，婚姻状况)
- 村情(村情编号，事件背景，发展记录，参与人，效果记录)
- 村史大事件(事件编号，事件名称，发生时间，发生地点，产生效果，备注)
- 业绩(业绩编号，业绩成果，事件名称，参与人)
- 日常日志表(日志编号，事件，时间，地点，联系人，备注)
- 学习日志表(日志编号，学习类型，时间，备注)
- 交友日志表(日志编号，时间，地点，友人 ID，备注)
- 友人(友人 ID，姓名，性别，身份证号，政治面貌，学历，婚姻状况，毕业学校，从事行业，联系电话，QQ 号，联系地址)
- 个人工作表(工作编号，大学生村官姓名，工作时间，工作地点，工作目的，经历描述，参与人员)
- 生活日志表(日志编号，生活类别，时间，地点，消费，备注)

请实地了解大学生村官的工作，进一步添加、完善关系模式，确定各关系之间的联系，开发一个管理系统来管理大学生村官的工作流程及个人信息。

参考文献

[1] 王珊，杜小勇，陈红. 数据库系统概论[M]. 6 版. 北京：高等教育出版社，2023.

[2] 刘垣等. Access 2010 数据库应用技术案例教程[M]. 北京：清华大学出版社，2018.

[3] 刘垣等. Access 2010 数据库应用技术案例教程学习指导[M]. 北京：清华大学出版社，2018.

[4] 刘小丽，翁健. 课程思政我们这样设计案例（计算机类）[M]. 北京：清华大学出版社，2023.

[5] 蒋宗礼. 本科人才培养 从经验走向科学 从粗放走向精细[M]. 北京：清华大学出版社，2021.

[6] 教育部考试中心. 全国计算机等级考试二级教程——Access 数据库程序设计(2021 年版)[M]. 北京：高等教育出版社，2020.

[7] 教育部教育考试院. 全国计算机等级考试二级教程——openGauss 数据库程序设计[M]. 北京：高等教育出版社，2023.

[8] 教育部教育考试院. 全国计算机等级考试二级教程——公共基础知识[M]. 北京：高等教育出版社，2022.

[9] 刘卫国等.数据库基础与应用（Access 2016）[M]. 2 版. 北京：电子工业出版社，2022.

[10] 彭毅弘，程丽. Access 2016 数据库应用教程[M]. 北京：清华大学出版社，2022.

[11] 彭毅弘，程丽. Access 2016 数据库应用教程实验指导[M]. 北京：清华大学出版社，2022.

[12] 王秉宏. Access 2016 数据库应用基础教程[M]. 北京：清华大学出版社，2017.

[13] 蔡自兴等. 人工智能及其应用[M]. 7 版. 北京：清华大学出版社，2024.

[14] 姚期智. 人工智能[M]. 北京：清华大学出版社，2022.

[15] 周志华. 机器学习[M]. 北京：清华大学出版社，2016.

[16] Ian Goodfellow, Yoshua Bengio, Aaron Courville. 深度学习[M]. 北京：人民邮电出版社，2017.

[17] 王万良. 人工智能通识教程[M]. 2 版. 北京：清华大学出版社，2022.

[18] 赵建勇，周苏. 大语言模型通识[M]. 北京：机械工业出版社，2024.

[19] 张红，卞克. 人工智能基础教程[M]. 北京：人民邮电出版社，2023.

[20] 陈向东. 大语言模型的教育应用[M]. 上海：华东师范大学出版社，2023.

[21] 魏薇，牛金行，景慧昀. 人工智能安全[M]. 北京：化学工业出版社，2021.

[22] 范渊，刘博. 数据安全与隐私计算[M]. 北京：电子工业出版社，2023.

附录

附录 A　教务管理数据库的表结构及记录	
附录 B　常用字符与 ASCII 码对照表	
附录 C　常用宏操作命令	
附录 D　常用的VBA内部函数